WPS Office 2019 商务办公从新手到高手

新阅文化 于忆 编著

U0342986

人民邮电出版社

北 京

图书在版编目（CIP）数据

WPS Office 2019商务办公从新手到高手 / 新阅文化,
于忆编著. -- 北京 : 人民邮电出版社, 2020.12
ISBN 978-7-115-54899-3

Ⅰ. ①W… Ⅱ. ①新… ②于… Ⅲ. ①办公自动化－应
用软件 Ⅳ. ①TP317.1

中国版本图书馆CIP数据核字(2020)第180469号

内 容 提 要

本书是指导初学者学习 WPS Office 的入门图书。本书详细地介绍了初学者学习 WPS 文字、WPS 表格、WPS 演示时应该掌握的基础知识和使用方法，对初学者在学习过程中可能会遇到的问题进行了详细讲解。

全书共 14 章。第 1 章认识 WPS Office 2019；第 2 章到第 5 章包括 WPS 文字的基本操作，WPS 文字的美化，WPS 文字表格的应用，WPS 文字的高级排版；第 6 章到第 11 章包括 WPS 表格的基本操作，WPS 表格的美化，数据的排序、筛选与分类汇总，数据的处理与分析，图表与数据透视表的应用，公式与函数的应用；第 12 章到第 14 章包括 WPS 演示的基本操作，幻灯片的动画效果与放映输出，WPS 演示案例详解。

本书既适合 WPS Office 初学者阅读，也可以作为大中专院校或企业的培训教材，同时对喜欢使用 WPS Office 的读者也有一定的参考价值。

◆ 编　　著　新阅文化　于　忆
　　责任编辑　李永涛
　　责任印制　王　郁　马振武
◆ 人民邮电出版社出版发行　　北京市丰台区成寿寺路 11 号
　　邮编　100164　电子邮件　315@ptpress.com.cn
　　网址　https://www.ptpress.com.cn
　　大厂回族自治县聚鑫印刷有限责任公司印刷
◆ 开本：787×1092　1/16
　　印张：18
　　字数：467 千字　　　　　　　　2020 年 12 月第 1 版
　　印数：1 – 2 000 册　　　　　　2020 年 12 月河北第 1 次印刷

定价：79.80 元

读者服务热线：**(010)81055410**　印装质量热线：**(010)81055316**
反盗版热线：**(010)81055315**
广告经营许可证：京东市监广登字 20170147 号

前言 / PREFACE

随着企业信息化的不断发展，办公软件已经成为日常办公中不可或缺的工具。

WPS Office 是由金山软件股份有限公司自主研发的一款办公软件套装，可以实现办公软件常用的文字、表格、演示等多种功能。WPS Office 具有内存占用少、运行速度快、占用空间小、强大插件平台支持、免费提供海量在线存储空间及文档模板等特点。

使用 WPS Office 可以进行各种文档资料的管理、数据的处理与分析、演示文稿的展示等。目前，这些工具已被广泛地应用于财务管理、行政管理、人事管理、统计分析和金融分析等众多领域。为此，我们精心编写了本书，以满足企业或个人用户高效、简捷的现代化工作需求。

本书详细介绍了使用 WPS 文字、WPS 表格、WPS 演示时应该掌握的基础知识和方法，对初学者在学习过程中可能会遇到的问题进行了详细讲解，并配有步骤介绍。

全书共 14 章。前 5 章介绍 WPS 文字的基本操作、表格应用与图文混排及 WPS 文字的高级排版；中间 6 章详细介绍 WPS 工作簿与工作表的基本操作，工作表的美化，排序、筛选与分类汇总数据，数据处理与分析，图表与数据透视表、函数与公式的应用等内容；后 3 章介绍如何编辑与设计幻灯片、制作演示文稿的详细步骤。

本书既适合 WPS Office 初学者阅读，也可以作为大中专院校或企业的培训教材，同时对喜欢使用 WPS Office 的读者也有一定的参考价值。

本书主要有以下特色。

实例为主，易于上手： 全面突破传统的按部就班讲解知识的模式，模拟真实的办公环境，以实例为主，详细介绍读者在学习过程中可能会遇到的各种问题，以便读者能够轻松上手，解决各种疑难问题。

一步一图，图文并茂： 在介绍具体操作步骤时，每一个操作步骤都配有对应的插图，使读者能够更快、更熟练地运用各种操作技巧。

高手过招，专家指导： "高手过招"栏目提供精心筛选的 WPS Office 使用技巧，帮助读者掌握日常办公中应用广泛的技巧。

视频教学，注重效率： 为了方便读者学习，本书附赠多媒体教学视频。读者学习部分章节时可以脱离书稿，观看视频来学习，以得到与众不同的学习体验，并提高学习效率。

作者
2020 年 5 月

目录 /CONTENTS

第 3 章 WPS 文字的美化

第 4 章 WPS 文字表格的应用

第9章 数据的处理与分析

第10章 图表与数据透视表的应用

第11章 公式与函数的应用

第12章　WPS 演示的基本操作

第13章　幻灯片的动画效果与放映输出

第 1 章

认识 WPS Office 2019

WPS Office文档处理系统是由北京金山办公软件股份有限公司推出的一款办公软件套装，可以实现办公软件常用的文字、表格、演示等多种功能。WPS Office集编辑与打印等功能为一体，不仅具有丰富的编辑功能，还提供各种控制输出格式功能，基本上可以满足用户对编辑、修改、打印各种文件的需求。

WPS Office 2019与以前版本相比，功能更加强大，界面更为扁平化，操作更为灵活。本章将介绍WPS Office 2019的新特性、启动与退出、基本操作、视图设置、快速访问工具栏设置等。

1.1 WPS Office 2019 新特性介绍

WPS Office 2019 在界面、功能以及快捷方式等方面都做到了全面革新，下面就从安装、快捷方式变更、菜单更换、统一窗口标签切换、内置 PDF 阅读工具和丰富的模板等方面进行讲解。

1.1.1 WPS Office 2019 的安装

WPS Office 2019 的安装依然采用一键安装模式，与以往版本相比，安装选项中多了一个"默认使用 WPS 打开 pdf 文件"，该版本加强了对 PDF 文档的支持，如图 1-1 所示。

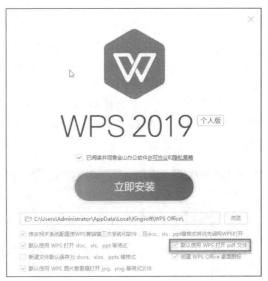

图1-1

1.1.2 快捷方式变更

安装完成之后，之前的桌面三套件（WPS 文字、WPS 表格、WPS 演示）和 WPS HS 的快捷方式都不见了，在 WPS Office 2019 中都被合并了，这就是 WPS Office 2019 的特性——整合，如图 1-2 所示。

图1-2

1.1.3 菜单更换

在 WPS Office 2019 主界面，左侧上方为新建和打开两个基础功能，左侧下方是功能选项栏；中间部分显示的是最近打开文件历史记录（可以同步显示多设备文档内容）；右侧上方是天气预报中心，右侧下方是消息栏，它显示了用户云文档更新情况、待办事宜、备注事项。WPS Office 主界面如图 1-3 所示。

图1-3

1.1.4 统一窗口标签切换

使用 WPS Office 2019 的"新建"按钮，

可以新建 WPS 文字、WPS 表格、WPS 演示、PDF、流程图、脑图等，新建过程中可以选择丰富的内置模板。不同于以前的是，在 WPS Office 2019 中，WPS 文字、WPS 表格、WPS 演示可以在同一窗口下，而不是在独立的窗口下，用户可使用标签进行切换（标签用于区分各类文档），如图 1-4 所示。

图1-4

1.1.5 内置 PDF 阅读工具

WPS Office 2019 内置了 PDF 阅读工具，用户可以快速打开 PDF 文档，目前该工具除了能让用户阅读 PDF 文档外，还具有将 PDF 文档转换为 Word 文档、注释、合并 PDF 文档、拆分 PDF 文档及签名等功能，但用户不能直接编辑 PDF 文档，如图 1-5 所示。

图1-5

1.1.6 丰富的模板

WPS Office 2019 提供了丰富的模板、

范文、图片等各种素材资源，从求职简历到总结计划、合同协议等常见应用文档模板和相关素材都有提供，如图 1-6 所示。

图1-6

图1-7

图1-8

1.2 WPS Office 2019 的启动与退出

在简单了解 WPS Office 2019 的新特性之后，下面对 WPS Office 2019 的启动与退出方式进行介绍。

1.2.1 启动操作

要想熟练使用 WPS Office 2019，首先要了解启动 WPS Office 2019 的几种方式，并从中选择快速、简单的启动方式来完成 WPS Office 2019 的启动，具体操作方式如下。

方法 1：
单击桌面左下方的"开始"按钮，在"开始"菜单中单击"WPS 2019"即可启动，如图 1-7 所示。

方法 2：
若桌面上存在 WPS Office 2019 的快捷方式图标，双击该图标则能启动 WPS Office 2019，如图 1-8 所示。

1.2.2 退出操作

处理完文字、表格或演示后，则可以退出。退出也是基本的操作。具体操作方式如下。

方法 1：
在已打开的窗口中，单击窗口右上角的"关闭"按钮即可完成窗口的关闭，如图 1-9 所示。

图1-9

方法 2：
单击"文件"菜单，在弹出的菜单中选

择"退出"命令，即可完成退出，如图 1-10 所示。

图1-10

方法 3：

按"Alt+F4"组合键（或"Fn+Alt+F4"组合键）也可直接退出。

1.3 WPS Office 2019 的基本操作

下面以文字组件为例，简单介绍 WPS Office 2019 的基本操作，如窗口的调整、功能区的设置等。

1.3.1 窗口的基本操作

● 窗口的最小化 / 最大化。

单击窗口右上角的"最小化"按钮，可实现窗口最小化操作，如图 1-11 所示，窗口最小化后该任务将在任务栏中以图标的形式显示。

图1-11

之后单击位于任务栏中的图标，即可将其最大化，如图 1-12 所示。

图1-12

● 窗口向下还原 / 最大化。

单击窗口右上角的"向下还原"按钮，可以实现缩小窗口的操作，以便同时显示更多的文档，如图 1-13 所示。

图1-13

随后单击"最大化"按钮，可将文档窗口最大化显示，如图 1-14 所示。

图1-14

● 窗口的自定义调整。

对窗口执行向下还原操作后，用户还可以对窗口的大小进行自定义调整。将鼠标指针移至窗口的左上、右上、左下、右下四个顶点，鼠标指针会变成倾斜的双向箭头，按住鼠标左键不放，将窗口拖至满意大小，释放鼠标即可，如图 1-15 所示。

图1-15

若将鼠标指针移至窗口的左右边缘或上下边缘，鼠标指针则变成左右双向箭头或上下双向箭头，此时按住鼠标左键不放，同样可以调整窗口大小，如图 1-16 和图 1-17 所示。随后单击"最大化"按钮，即可将窗口最大化。

图1-16

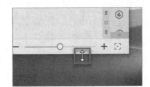

图1-17

1.3.2 文件菜单各命令的基础操作

启动 WPS Office 2019 文字后，打开文字的程序窗口。如果有使用 WPS Office 中应用程序（如 WPS 表格等）的经验，那么对这个界面应该有似曾相识的感觉，因为它们的选项卡、功能区和编辑窗口的布局是大体相同的。

在菜单栏单击"文件"菜单，用户可以选择自己需要的命令，如图 1-18 所示。

"文件"菜单中"新建"命令可以用于新建一个新的文字、表格或演示。"打开"命令可以用于打开需要的文字、表格或演示。编辑或修改完文字、表格或演示后，可以选择"保存"命令或"另存为"命令进行保存。要打印文字、表格或演示,需选择"打印"命令,在打印之前也可以进行预览，以防出错。选择"选项"命令会弹出各组件对应的"选项"对话框，从而对各组件的功能进行设置。（后面会对"选项"的部分设置进行简单介绍。）

图1-18

1.3.3 添加自定义命令或按钮

为了便于操作，提高工作效率，WPS Office 2019 支持在功能区自定义命令或按钮。下面以添加"常规"组为例，说明如何向功能区添加自定义命令或按钮，具体操作步骤如下。

01 打开一个空白文档，单击"文件"菜单，选择"选项"命令，在弹出的对话框中切换至"自定义功能区"选项卡，对话框右侧会显示"自定义功能区"的具体内容，如图1-19所示。

图1-19

02 单击对话框右侧"自定义功能区"下方列表框"开始"选项卡中的"格式",然后再单击下方的"新建组"按钮,此时在"格式"的下方出现了"新建组(自定义)",如图1-20所示。

图1-20

03 单击"新建组"按钮右侧的"重命名"按钮,弹出"重命名"对话框,在对话框"显示名称"右侧的文本框中输入名称,如这里输入"常规",如图1-21所示。

图1-21

04 单击"确定"按钮即可将新建组的名称改为"常规(自定义)"如图1-22所示。

图1-22

1.4 WPS Office 2019 视图设置

下面将以表格组件为例,简单介绍WPS Office 2019的视图设置,如视图的分类、视图的切换和视图的缩放等。

1.4.1 视图的分类

WPS Office 2019提供了多种浏览视图,基本的视图有"普通"视图、"分页预览"视图、"全屏显示"视图、"阅读模式"视图等。各种视图的用途不同,可以根据实际的使用场景进行切换,下面简要介绍几种视图的用途。

- "普通"视图:日常编辑表格使用较多的一种视图,里面没有分页。
- "分页预览"视图:该视图模式下,可以显示页面大小,蓝色的虚线表明默认情况下页面的大小,蓝色的实线表明实际数据的页面大小,可以拖动这些线条直接改变页面的大小,调整打印时的缩放比例。
- "阅读模式"视图:该视图模式下,选中的单元格的行、列背景色会发生变化,便于进行内容查看。

1.4.2 视图的切换

熟练使用WPS Office 2019的一项基本技能,即能够快速在不同视图间进行切换,这能有效提高工作效率。下面介绍几种视图切换的快捷方式。

方法1:

切换至"视图"选项卡,在功能区最左侧的"工作簿视图"组中选择一种视图即可,如图1-23所示。

方法2:

单击状态栏中的视图快捷方式,可以在不同的视图间进行切换,如图1-24所示。

图1-23

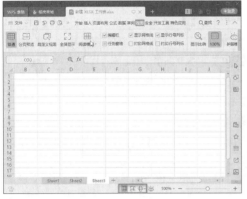

图1-24

提示

WPS 表格还允许用户根据实际需要自定义视图，如图 1-25 所示。

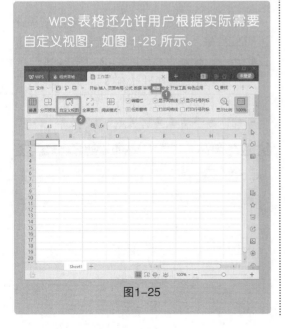

图1-25

1.4.3　视图的缩放

在使用表格过程中，经常会遇到查看或处理大量数据的情况，为便于更加直观地查看所需数据，通常会进行视图的缩放。缩放视图的方式有以下几种。

方法 1：

在状态栏，找到"缩放"滑块，用鼠标拖动滑块即可缩放视图；也可以单击"+"或者"-"进行缩放；也可以单击"缩放级别"进行缩放，如图 1-26 所示。

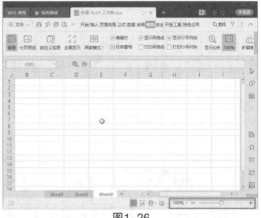

图1-26

方法 2：

切换至"视图"选项卡，单击"显示比例"按钮，如图 1-27 所示，弹出"显示比例"对话框，如图 1-28 所示，在对话框中选择一种缩放比例，然后单击"确定"按钮。另外，在"自定义"右侧的文本框中输入显示比例的值，单击"确定"按钮，可以精确指定缩放比例。

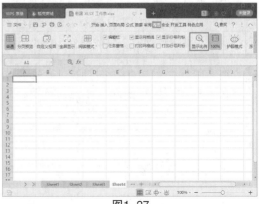

图1-27

图1-28

方法3：

切换至"视图"选项卡，单击"显示比例"按钮，在"显示比例"对话框中选中"恰好容纳选定区域"前的单选按钮，可将指定的区域进行放大；选中"100%"前的单选按钮，工作表便可回到正常显示的大小。

方法4：

按住 Ctrl 键不放，滚动鼠标滚轮。

1.5 WPS Office 2019 快速访问工具栏设置

为提高工作效率，可以根据需要，自定义快速访问工具栏，它包含一组独立于当前所显示的选项卡的命令。

1.5.1 添加快速访问工具栏常用命令

为方便日后操作，可以根据自身的使用习惯与喜好，向快速访问工具栏添加一些常用的命令，以提高工作效率，具体操作步骤如下。

01 单击快速访问工具栏右侧的"自定义快速访问工具栏"按钮 ，如图1-29所示，然后在弹出的菜单中选择"其他命令"命令，此时会弹出"选项"对话框。

图1-29

02 切换至"快速访问工具栏"选项卡，右侧会显示"自定义快速访问工具栏"内容，选择"可以选择的选项"中的内容，单击"添加"按钮，可以看到选择的内容被添加到了"当前显示的选项"中，如果想继续添加，可以重复以上操作，如图1-30所示。

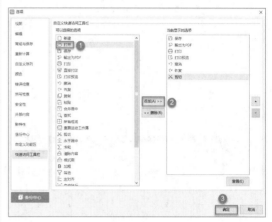

图1-30

03 添加完毕，单击"确定"按钮，此时快速访问工具栏如图1-31所示。

图1-31

1.5.2 调整快速访问工具栏位置

打开一个空白表格，单击"自定义快速访问工具栏"按钮，设置位置通常位于以下三处之一，设置方式如图 1-32 所示。

- 放置在顶端（默认位置）。
- 设置在功能区之下。
- 作为浮动工具栏显示。

图1-32

第 / 2 / 章

WPS 文字的基本操作

WPS文字是WPS Office 2019的一个重要组件，是一款优秀的文字处理与排版应用程序。

文档的基本操作包括新建文档、保存文档、编辑文档、浏览文档、打印文档、保护文档，以及文档的简单格式设置。

在日常办公中，制订工作计划、汇报工作、起草合同、发布通知等，都离不开文字文档的使用。本章将从发布通知（员工培训考试通知和财务制度管理）出发对文字文档编辑操作的相关功能进行详细介绍。

2.1 WPS 文字文档的编辑

WPS 文字文档的处理，包括新建、编辑、修改、保存、打印和保护等。例如，某公司需要发布培训考试通知信息，要简洁明了地介绍考试时间、地点、内容和注意事项等，让员工能够准时参加公司考试。

2.1.1 新建文档

用户可以使用 WPS 文字方便、快捷地新建多种类型的文档，如空白文档等。

一、新建空白文档

新建空白文档是制作文档的第一步，因此掌握文档的新建方式，有助于后续文档的编辑和使用。新建空白文档有以下几种主要方式。

方法 1：

01 在Windows桌面双击WPS Office 2019快捷方式图标，弹出WPS Office 2019初始化页面，如图2-1所示。

图2-1

02 单击左侧"新建"按钮，弹出新建页面，如图2-2所示。

03 单击"新建空白文档"按钮，弹出一个新的文字文稿页面。

图2-2

图2-4

方法2：

01 在Windows桌面双击WPS Office 2019快捷方式图标，弹出WPS Office 2019初始化页面，按"Ctrl+N"组合键，弹出新建页面，如图2-3所示。

图2-3

02 单击"新建空白文档"按钮，弹出一个新的文字文稿页面。

方法3：

01 在Windows桌面双击WPS Office 2019快捷方式图标，弹出WPS Office 2019初始化页面。

02 单击窗口顶部"＋"按钮，弹出新建页面，如图2-4所示。

03 单击"新建空白文档"按钮，弹出一个新的文字文稿页面。

方法4：

如果已经打开了某个文字文稿，此时若需要新建一个新的空白文档，可以采用以下方式。

单击"文件"菜单，在弹出的菜单中选择"新建"命令，即可快速创建一个空白文字文稿，如图2-5所示。

图2-5

二、新建联机模板

除空白文档外，WPS文字还为用户提供了很多精美的联机模板，使用这些模板的具体操作步骤如下。

01 双击桌面WPS Office 2019快捷方式图标，在页面左侧区域中单击"新建"按钮。

02 在打开的WPS新建页面中，用户可以看到热门排行榜下有许多模板；在"品类专区"也有各种各样的模板；除此之外，用户也可以在页面右上方的搜索框中输入想要搜索的模板类型，如图2-6所示。

如图2-8所示。

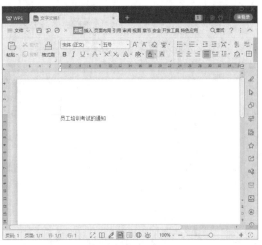

图2-8

图2-6

03　在搜索到的结果中，单击需要的模板，然后单击模板右侧的"立即下载"按钮即可，如图2-7所示。

02　再输入通知的主要内容，如图2-9所示。

图2-9

图2-7

2.1.2　编辑文档

编辑文档是 WPS 文字处理过程中十分频繁的操作，下面介绍如何在 WPS 文字中对基本操作对象进行编辑。

一、输入中文

新建空白文档，并进行中文输入编辑，具体操作步骤如下。

01　打开新建的空白文档，切换至任意一种中文输入法，单击文档编辑区，在光标处输入文本内容，如"员工培训考试的通知"，然后按"Enter"键将光标移至下一行行首，

二、输入数字

如果想要在文档中输入数字该如何操作呢？下面介绍具体操作步骤。

01　分别将光标定位至文本"年"和"月"之间，按数字键"6"；再将光标定位至文本"月"和"日"之间，依次按数字键"3"和"0"；然后将光标定位至文本"日"和"时"之间，按数字键"9"，即可分别输入数字"6""30""9"，如图2-10所示。

02　使用同样的方法输入其他数字即可。

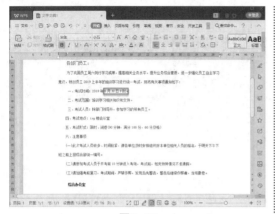

图2-10

三、输入英文

如果想要在文档中输入英文该如何操作呢？下面介绍具体操作步骤。

01 例如考试地点为top楼会议室。按"Shift"键将输入法切换到英文状态，将光标定位在文本"楼"前，然后输入小写英文文本"top"。

02 如果要更改英文的大小写，需先选中英文文本，如"top"，然后切换至"开始"选项卡，在功能区单击"拼音指南"扩展按钮，在弹出的下拉菜单中选择"更改大小写"命令，如图2-11所示。

图2-11

03 弹出"更改大小写"对话框，选中"大写"前的单选按钮，然后单击"确定"按钮即可将小写英文字母更改为大写，如图2-12所示。

04 或者保持"top"的选中状态，按一次"Shift+F3"组合键，"top"变成"Top"；再次按"Shift+F3"组合键，"Top"变成

"TOP"；继续按"Shift+F3"组合键，"TOP"变成"top"。

图2-12

注意

用户也可以通过键盘实现英文大小写的更改。按"Caps Lock"键，即可输入大写字母；再次按"Caps Lock"键，即可输入小写字母。在英文输入法中，按"Shift+字母"组合键也可以实现英文大小写的切换。

四、输入日期和时间

如果想要在文档中输入日期和时间该如何操作呢？下面介绍具体操作步骤。

01 将光标定位在文档的最后一行行首，切换至"插入"选项卡，然后单击"日期"按钮，如图2-13所示。

图2-13

02 弹出"日期和时间"对话框，在"可用格式"下的列表框中选择一种日期格式，如2019年5月25日，如图2-14所示。

图2-14

03　单击"确定"按钮，用户即可看到当前日期已按选择格式插入文档，如图2-15所示。

图2-15

注意

文档输入完成后，如果不希望其中某些日期和时间随系统的改变而改变，可以选中相应的日期和时间，然后按"Ctrl+Shift+F9"组合键切断域的链接。

2.1.3 文档的基本操作

本小节具体介绍文档的基本操作，包括选中、复制、剪切、粘贴、查找和替换、改写、删除文本等。

一、选中文本

文本的选中方式有多种，下面介绍常用的几种方式。

1. 使用鼠标选中文本

（1）选中单个字词

用户只需将光标定位在需要选中的字词的开始位置，然后按住鼠标左键不放，拖动至需要选中的字词的结束位置，释放鼠标左键即可。另外，在词语中的任何位置双击也可以选中该词语。例如，双击选中词语"闭卷"，此时被选中的文本会呈深灰色显示，如图 2-16 所示。

图2-16

（2）连续选中文本

01　用户只需将光标定位在需要选中的文本的开始位置，然后按住鼠标左键不放，拖动到需要选中的文本的结束位置，释放鼠标左键即可，如图2-17所示。

图2-17

02 如果要选中超长文本，用户只需将光标定位在需要选中文本的开始位置，然后用滚动条代替光标向下移动文档，直到看到想要选中部分的结束处，按"Shift"键，然后单击要选中文本的结束处，这样从开始到结束处的这段文本内容就会全部被选中，如图2-18所示。

图2-18

（3）选中段落文本

在要选中段落中的任意位置处，连续单击三次，即可选中整个段落文本，如图2-19所示。

图2-19

（4）选中矩形文本

按"Alt"键，同时在文本中拖动即可选中矩形文本，如图2-20所示。

（5）选中分散文本

在文档中，首先使用拖动鼠标的方法选中一部分文本，然后按"Ctrl"键，依次选中

其他文本，就可以选中任意数量的分散文本，如图2-21所示。

图2-20

图2-21

2. 使用组合键选中文本

在处理大段或者复杂文本过程中，仅使用鼠标选中文本已经无法满足实际操作要求，这时可以利用组合键选中文本。

WPS文字提供了一整套利用组合键选中文本的方法，主要是通过"Shift"键、"Ctrl"键和方向键来实现的，具体的操作方法如表2-1所示。

表 2-1

组 合 键	功 能
Ctrl+A	选中整篇文档
Ctrl+Shift+Home	选中光标所在处至文档开始处的文本
Ctrl+Shift+End	选中光标所在处至文档结束处的文本

续表

组　合　键	功　　能
Alt+Ctrl+Shift+PageUp	选中光标所在处至本页开始处的文本
Alt+Ctrl+Shift+PageDown	选中光标所在处至本页结束处的文本
Shift+↑	向上选中一行
Shift+↓	向下选中一行
Shift+←	向左选中一个字符
Shift+→	向右选中一个字符
Ctrl+Shift+←	选中光标所在处左侧的词语
Ctrl+Shift+→	选中光标所在处右侧的词语

3．使用选中栏选中文本

说明：选中栏，即 WPS 文字左侧的空白区域，当鼠标指针移至该空白区域时，指针便会呈箭头形状显示。

（1）选中行

将鼠标指针移至要选中行左侧的选中栏中，然后单击即可选中该行文本，如图 2-22 所示。

图2-22

（2）选中段落

将鼠标指针移至要选中段落左侧的选中栏中，然后双击即可选中整段文本，如图 2-23 所示。

（3）选中整篇文档

将鼠标指针移至选中栏中，然后连续单击三次即可选中整篇文档，如图 2-24 所示。

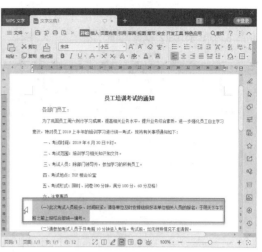

图2-23

图2-24

二、复制文本

在进行文本复制过程中，WPS 文字实际会将复制的内容存放在"剪贴板"中，而被复制的内容并不会被修改而原样保留。

1．Windows 剪贴板的使用

所谓剪贴板，即 Windows 中存在的一块临时存储区。最新复制的内容，是保存在该区域中的。此区域仅能存放一份最新的数据，当有新的数据被复制进来时，旧的数据会被覆盖。复制文本的具体操作方法如下。

2．复制文本的方法

方法 1：

打开某文档，选中文本"素质"，然后

单击鼠标右键，在弹出的快捷菜单中选择"复制"命令，如图 2-25 所示。

图2-25

方法 2：

选中文本"素质"，然后切换至"开始"选项卡，在功能区中单击"复制"按钮，如图 2-26 所示。

图2-26

方法 3：

选中文本"素质"，然后按"Ctrl+C"组合键即可。

方法 4：

将鼠标指针放在选中的文本上，按"Ctrl"键，同时按鼠标左键将其拖动至目标位置，在拖动过程中鼠标指针右下方会出现一个"+"号，如图 2-27 所示。

图2-27

三、剪切文本

所谓剪切文本，是用户将需要移动的文本内容存放到剪贴板中，而原文本存放位置会被系统删除，这是区别于复制功能的地方。

常用的剪切文本的方法有以下几种。

方法 1：

打开某文档，选中要剪切的文本，如"素质"，然后单击鼠标右键，在弹出的快捷菜单中选择"剪切"命令，如图 2-28 所示。

图2-28

方法 2：

选中文本，如"素质"，切换至"开始"选项卡，在功能区中单击"剪切"按钮，如图 2-29 所示。

图2-29

方法 3：

使用"Ctrl+X"组合键也可以实现文本的快速剪切。

四、粘贴文本

复制文本以后，接下来就可以进行粘贴。常用的粘贴文本的方法有以下几种。

方法 1：

复制文本以后，用户只需在目标位置单击鼠标右键，在弹出的快捷菜单中选择"粘贴""保留源格式粘贴""只粘贴文本""选择性粘贴"中任意一个命令即可，如图 2-30 所示。

图2-30

方法 2：

复制文本以后，切换至"开始"选项卡，在功能区中单击"粘贴"扩展按钮，在弹出

的下拉菜单中选择任意一个粘贴命令即可，如图 2-31 所示。

图2-31

方法 3：

使用"Ctrl+C"组合键和"Ctrl+V"组合键，可以快速地复制和粘贴文本。

五、查找和替换文本

在日常编辑文本过程中，根据关键字查找和替换文本内容，也是常见操作之一。掌握查找和替换的技巧，可以有效提高文本编辑效率，节约时间。

1. 查找文本

查找文本的具体操作步骤如下。

01 打开某文档，切换至"开始"选项卡，在功能区中单击"查找替换"按钮，如图 2-32所示。

图2-32

02 弹出"查找和替换"对话框，切换至"查找"选项卡，或者按"Ctrl+F"组合键。在"查找内容"右侧的文本框内输入要查找的内容，如"素质"，然后单击"查找下一处"按钮，如图2-33所示。

图2-33

03 用户就可以看到文本"素质"在文档中以灰色底纹显示，如图2-34所示。查找完成后系统会弹出提示对话框，提示用户已完成对文档的搜索，用户单击"确定"按钮即可，如图2-35所示。

图2-34

图2-35

2．替换文本

替换文本的具体操作步骤如下。

01 如果用户需要替换相关的文本，可以在弹出的"查找和替换"对话框中切换至"替换"选项卡，或者按"Ctrl+H"组合键弹出"查找和替换"对话框，切换至"替换"选项卡。在"查找内容"右侧的文本框内输入"综合办公室"，在"替换为"右侧的文本框内输入"人力资源部"，然后单击"全部替换"按钮即可将文档中的"综合办公室"全部替换成"人力资源部"，如图2-36所示。

图2-36

02 替换完成后，系统会弹出提示对话框，提示用户完成多少处替换，如图2-37所示。

图2-37

03 单击"确定"按钮，然后单击"关闭"按钮，返回文档中，替换结果如图2-38所示。

图2-38

六、改写文本

用鼠标选中进行替换的文本，输入需要的文本，输入的文本会自动替换选中的文本。

七、删除文本

从文档中删除不需要的文本，用户可以使用组合键删除文本，具体的组合键及其功能如表 2-2 所示。

表 2-2

组　合　键	功　　能
Backspace	向左删除一个字符
Delete	向右删除一个字符
Ctrl+Backspace	向左删除一个字词
Ctrl+Delete	向右删除一个字词
Ctrl+Z	撤销上一个操作
Ctrl+Y	恢复上一个操作

2.1.4　保存文档

编辑文档过程中及时进行保存是个好习惯，可避免由于意外（如断电、死机等突发情况）而未保存，造成编辑内容丢失的情况。

一、保存新建的文档

对新建文档的保存，具体的操作步骤如下。

01　启动 WPS Office 2019 新建页面，单击"新建空白文档"，在新的文字文稿中单击"文件"菜单，在弹出的菜单中选择"保存"命令，如图 2-39 所示。

图2-39

02　此时用户若是第一次保存文档，WPS 文字会弹出"另存为"对话框，在对话框左侧选择"计算机"选项，然后在右侧双击文档的保存位置，如 E 盘，如图 2-40 所示。

图2-40

03　选择文件夹，如"考试通知"文件夹，在窗口下方"文件名"右侧的文本框内输入文档名称"培训考试的通知"，单击"保存"按钮即可保存新建的空白文档，如图 2-41 所示。

图2-41

二、保存已有的文档

对已有文档编辑后的保存，有以下几种方式。

方法 1：

单击"快速访问工具栏"中的"保存"按钮，如图 2-42 所示。

图2-42

方法2：

在文档中单击"文件"菜单，在弹出的菜单中选择"保存"命令，如图2-43所示。

图2-43

方法3：按"Ctrl+S"组合键。

三、将文档另存为

对已有文档编辑后，会出现需要另存为其他类型或名称的情况，具体操作步骤如下。

01 单击"文件"菜单，在弹出的菜单中选择"另存为"命令，如图2-44所示。

图2-44

02 弹出"另存为"对话框，在对话框左侧选择"计算机"选项，然后在右侧双击文档的保存位置，如"文档（E：）"，如图2-45所示。

图2-45

03 在"保存在"下拉列表内选择保存位置，在"文件名"文本框内输入文件名称，在"文件类型"下拉列表中选择文件类型，单击"保存"按钮即可，如图2-46所示。

图2-46

2.1.5 文档视图

WPS文字提供了多种视图供用户选择，包括"全屏显示""阅读版式""写作模式""页面""大纲""Web版式""导航窗格"7种。

一、全屏显示

"全屏显示"是将文档内容全屏展现，

便于用户阅读。

进入全屏显示视图的方法: 切换至"视图"选项卡, 在功能区中单击"全屏显示"按钮; 或者单击 WPS 文字界面下方状态栏中的"全屏显示"按钮; 或者按"Ctrl+Alt+F"组合键, 即可将文档的显示方式切换至全屏显示视图, 如图 2-47 所示。

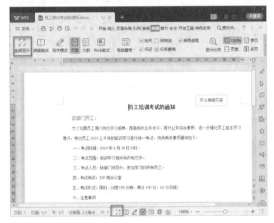

图2-47

退出全屏显示视图的方法是单击"退出"按钮, 如图 2-48 所示。

图2-48

二、阅读版式

"阅读版式"是将文档内容切换成书本阅读版式, 便于用户阅读。

进入阅读版式视图的方法: 切换至"视图"选项卡, 在功能区中单击"阅读版式"按钮; 或者单击 WPS 文字界面下方状态栏中的"阅读版式"按钮; 或者按"Ctrl+Alt+R"组合键, 即可将文档的显示方式切换至阅读版式视图, 如图 2-49 所示。

退出阅读版式视图的方法是单击"退出阅读模式"按钮, 如图 2-50 所示。

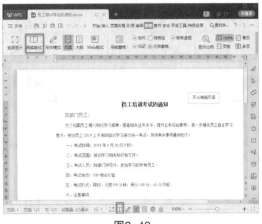

图2-49

图2-50

三、写作模式

"写作模式"是一种特定的编辑模式, 为用户提供一个专注于写作的环境, 此模式提供随机起名、写作素材、写作锦囊、文档加密、历史版本、章节结构等功能。

进入写作模式视图的方法: 切换至"视图"选项卡, 在功能区中单击"写作模式"按钮, 或者单击 WPS 文字界面下方状态栏中的"写作模式"按钮, 即可将文档的显示方式切换至写作模式视图, 如图 2-51 所示。

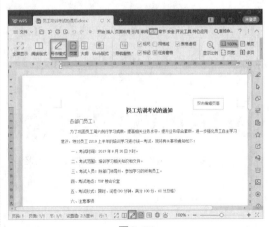

图2-51

用户可以根据需求选择写作模式的选项。退出写作模式视图的方法是单击"关闭"按钮，如图 2-52 所示。

图2-52

四、页面

"页面"可以显示 WPS 文字文档的打印结果外观，主要包括页眉、页脚、图形对象、分栏设置、页面边距等元素，是十分接近打印结果的视图模式。

进入页面视图的方法：切换至"视图"选项卡，在功能区中单击"页面"按钮；或者单击 WPS 文字界面下方状态栏中的"页面视图"按钮；或者按"Ctrl+Alt+P"组合键，即可将文档的显示方式切换至页面视图，如图 2-53 所示。

图2-53

五、大纲

"大纲"主要用于 WPS 文字文档结构的设置和浏览，使用大纲视图可以迅速了解文档的结构和内容梗概。

进入大纲视图的方法：切换至"视图"选项卡，在功能区中单击"大纲"按钮；或者单击 WPS 文字界面下方状态栏中的"大纲"按钮；或者按"Ctrl+Alt+O"组合键，即可将文档的显示方式切换至大纲视图，如图 2-54 所示。

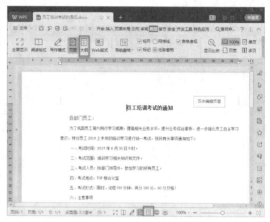

图2-54

进入大纲视图后，功能区中会显示"大纲"选项卡，如图 2-55 所示。

图2-55

六、Web 版式

"Web 版式"以网页的形式显示 WPS 文字文档，适用于发送电子邮件和创建网页。

进入 Web 版式视图的方法：切换至"视图"选项卡，在功能区中单击"Web 版式"按钮；或者单击 WPS 文字界面下方状态栏中的"Web 版式"按钮；或者按"Ctrl+Alt+W"组合键，即可将文档的显示方式切换至 Web 版式视图，如图 2-56 所示。

图2-56

七、导航窗格

"导航窗格"可以显示文档的目录，可以让用户方便、直观地阅读或编辑文档。

进入导航窗格视图的方法：切换至"视图"选项卡，在功能区中单击"导航窗格"按钮，或者单击 WPS 文字界面下方状态栏中的"导航窗格"按钮，即可将文档的显示方式切换至导航窗格视图，如图 2-57 所示。

图2-57

如需要设置文档目录显示的位置，单击"导航窗格"扩展按钮，在弹出的下拉菜单中选择"靠左""靠右""隐藏"命令即可，如图 2-58 所示。

图2-58

八、调整视图比例

方法 1：

用户可以根据需要，直接拖动"显示比例"滑块，调整文档的缩放比例，如图 2-59 所示。

图2-59

方法 2：

用户还可以直接单击"-"按钮和"+"按钮，即"缩小"按钮和"放大"按钮，调整文档的缩放比例，如图 2-60 所示。

图2-60

2.1.6 打印文档

在打印文档之前，用户可以对文档进行页面设置和预览，达到预期效果后，即可进行打印。

一、页面设置

页面设置是指文档打印前对页面元素的设置，主要包括页边距、纸张、版式和文档网格等的设置，页面设置的具体操作步骤如下。

01 打开某文档，切换至"页面布局"选项卡，在"页边距"右侧的"上""下""左""右"微调框中调整页边距大小，如图2-61所示。

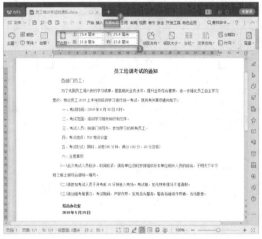

图2-61

02 单击"纸张方向"按钮，在弹出的下拉菜单中选择"纵向"命令，如图2-62所示。

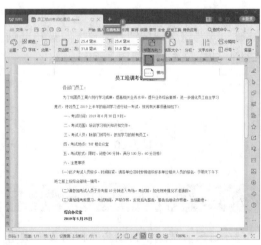

图2-62

03 单击"纸张大小"按钮，在"纸张大小"下拉菜单中选择"A4"命令即可；或选择"其他页面大小"命令，弹出"页

面设置"对话框，将"纸张大小"设置为"A4"，然后单击"确定"按钮即可，如图2-63和图2-64所示。

图2-63

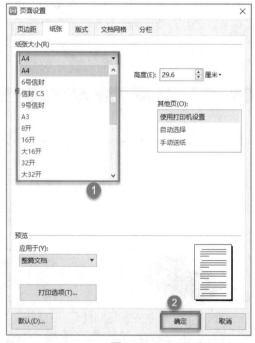

图2-64

二、预览后打印

页面设置完成后，可以通过预览来浏览打印效果，预览及打印的具体操作步骤如下。

01 单击"文件"菜单，在弹出的菜单中选择"打印"下的"打印预览"命令即可，如图2-65所示。

图2-65

02 用户也可以单击快速访问工具栏中的"打印预览"按钮进行预览，如图2-66所示。

图2-66

03 WPS文字会进入"打印预览"界面，单击"直接打印"按钮即可打印文档，如图2-67所示。

图2-67

04 用户可以根据打印需要进行设置，单击"更多设置"，设置完成后单击"确定"按钮即可，如图2-68和图2-69所示。

图2-68

图2-69

2.1.7 保护文档

如果编辑的文档对安全性有一定要求，我们可以通过限制编辑和文档加密等方法对文档进行保护，具体操作步骤如下。

一、限制编辑

01 打开某文档，切换至"审阅"选项卡，单击功能区中的"限制编辑"按钮，然后WPS文字会在文档右侧打开"限制编辑"的窗格。选中"设置文档的保护方式"前的复选按钮，然后可以选择任意一项需要限制的编辑功能。

- "只读"：可以防止文档被修改。不过，用户可以设置允许编辑的区域。在文档中选择部分内容，并设置可以对其进行编辑的用户。
- "修订"：允许修改文档，但修改记录将以修订方式展现。
- "批注"：只允许在文档中插入批注。不过，用户可以设置允许编辑的区域。在文档中选择部分内容，并设置可以对其进行编辑的用户。
- "填写窗体"：可以防止文档被修改，只能在窗体域中填写内容。

然后单击"启动保护…"按钮,如图2-70所示。

图2-70

02 弹出"启动保护"对话框,分别在"新密码(可选)"和"确认新密码"右侧文本框内输入密码后,单击"确定"按钮,如图2-71所示。

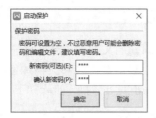

图2-71

03 再次启动文档,用户可以看到该文档名称处颜色会发生改变,而且用户无法在文档中实现编辑功能。如果用户想要取消"限制编辑"功能对文档进行编辑,单击"限制编辑"窗格中的"停止保护…"按钮,如图2-72所示。

图2-72

04 弹出"取消保护文档"对话框,在"密

码"下方的文本框内输入密码,然后单击"确定"按钮即可停止保护文档,如图2-73所示。

图2-73

二、文档加密

文档有多种加密方式,如WPS账号加密、密码加密和文档认证。

方法1:

01 打开某文档,切换至"审阅"选项卡,单击功能区中的"文档加密"按钮,切换至"WPS账号加密"选项卡,用户可以用WPS账号进行加密,如图2-74所示。

图2-74

02 WPS账号加密完成,如需解密,单击"解密当前文档"按钮即可,如图2-75所示。

图2-75

方法 2：

01　如果用户不希望使用 WPS 账号加密功能，也可以使用密码加密功能。在"文档安全"对话框中，切换至"密码加密"选项卡，用户可以分别设置打开权限和编辑权限，然后单击"应用"按钮，如图 2-76 所示。

图2-76

02　再次打开文档时，WPS 文字会弹出对话框，提示用户输入打开文件所需的密码，输入完成后单击"确定"按钮即可，如图 2-77 所示。

图2-77

03　如果用户设置了编辑权限，这时 WPS 文字会继续弹出对话框，提示用户输入密码，或者以只读模式打开，输入完成后单击"确定"按钮即可，如图 2-78 所示。

图2-78

04　打开文档后，用户会发现该文档名称处

会有密码加密的标记，如图 2-79 所示。

图2-79

方法 3：

用户如需要防止他人篡改文档，可以切换至"文档认证"选项卡，进行文档认证，如图 2-80 所示。

图2-80

WPS 文字的"文档安全"对话框除了通过单击"文档加密"按钮可以打开外，还可以单击"文件"菜单，在弹出的菜单中选择"文档加密"命令，然后在弹出的子菜单中选择需要的文档加密方法，如图 2-81 所示。

图2-81

2.2 文本格式的设置

输入完内容后，用户需要对文本格式进行设置，下面以制作"财务管理制度"文档为例进行详细介绍。

2.2.1 设置字体格式

设置字体格式，可以使文档看起来更加美观，可设置内容包括字体和字号、加粗效果、字符间距等。

一、设置字体和字号

将文本设置为不同的字体和字号，可以区分不同的文本内容。设置文本字体和字号的方法有以下几种。

方法 1：

使用"字体"组进行字体和字号设置的具体操作步骤如下。

01 打开某文档，选中文档标题"财务管理制度"，切换至"开始"选项卡，单击功能区"字体"下拉按钮，在下拉列表中选择合适的字体，如宋体，如图2-82所示。

图2-82

02 单击功能区"字号"下拉按钮，在下拉列表中选择合适的字号，如小一，如图2-83所示。

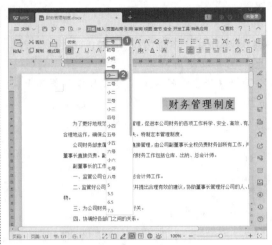

图2-83

方法 2：

使用"字体"对话框对选中文本进行设置的具体操作步骤如下。

01 选中所有的正文文本，切换至"开始"选项卡，单击功能区中"字体"组右下角的对话框启动器按钮，如图2-84所示。

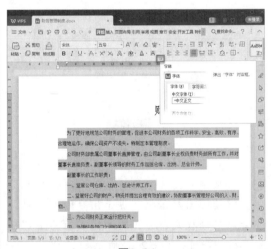

图2-84

02 弹出"字体"对话框，切换至"字体"选项卡，在"中文字体"下拉列表中选择"宋体"选项，在"字形"列表框中选择"常规"选项，在"字号"列表框中选择"四号"选项，然后单击"确定"按钮即可，如图2-85所示。

图2-85

二、设置加粗效果

设置字体加粗，可以重点突出文本内容。

打开"账务管理制度"文档，选中文档标题"财务管理制度"，切换至"开始"选项卡，单击功能区中的"加粗"按钮即可，或者按"Ctrl+B"组合键，如图 2-86 所示。

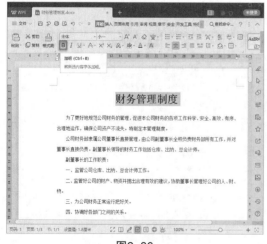

图2-86

三、设置字符间距

设置 WPS 文字文档中的字符间距，可以使文档的页面布局更符合实际需要，设置字符间距的具体操作步骤如下。

01　选中文本段落，切换至"开始"选项卡，单击功能区中"字体"组右下角的对话框启动器按钮，如图2-87所示。

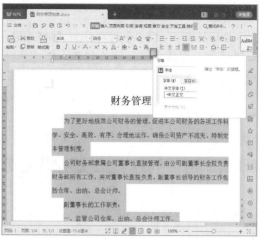

图2-87

02　弹出"字体"对话框，切换至"字符间距"选项卡。在"间距"下拉列表中选择"加宽"选项，在"值"微调框中输入"0.04"，然后单击"确定"按钮，如图2-88所示。

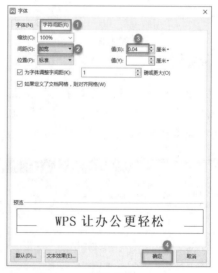

图2-88

2.2.2　设置段落格式

设置文本的段落格式，可以使文本整体布局更加合理。段落格式包括对齐方式、段落缩进和间距等。

一、设置对齐方式

段落和文字的对齐方式可以通过"段落"组进行设置，也可以通过"段落"对话框进行设置。

方法1：

使用"段落"组中各种对齐方式的按钮，可以快速设置段落和文字的对齐方式，具体操作步骤如下。

打开"财务管理制度"文档，选中标题"财务管理制度"，切换至"开始"选项卡，在功能区中单击"居中对齐"按钮，如图2-89所示。

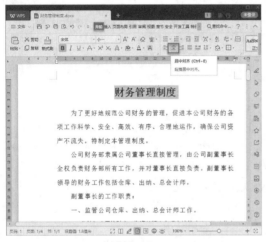

图2-89

方法2：

01 选中文档中的段落或文字，切换至"开始"选项卡，单击功能区中"段落"组右下角的对话框启动器按钮，如图2-90所示。

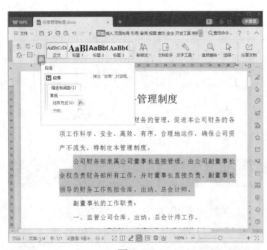

图2-90

02 弹出"段落"对话框，切换至"缩进和间距"选项卡，在"常规"选项组中的"对齐方式"下拉列表中选择"分散对齐"选项，如图2-91所示。

图2-91

03 单击"确定"按钮，返回WPS文字，设置效果如图2-92所示。

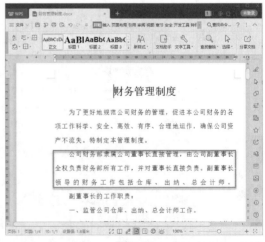

图2-92

二、设置段落缩进

设置段落缩进，可以调整文档正文内

容与页边距之间的距离。用户可以使用"段落"组、"段落"对话框和标尺设置段落缩进。

方法1：

01 选中除标题以外的其他文本段落，切换至"开始"选项卡，在功能区中单击"增加缩进量"按钮，如图2-93所示。

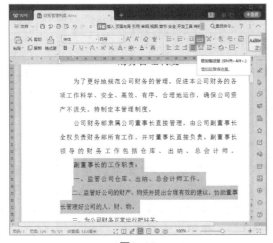

图2-93

02 返回WPS文字，用户可以发现选中的文本段落向右侧缩进了几个字符，如图2-94所示。

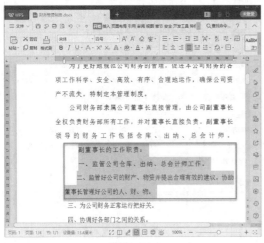

图2-94

方法2：

01 选中文档中的文本段落，切换至"开始"选项卡，单击功能区中"段落"组右下

角的对话框启动器按钮，如图2-95所示。

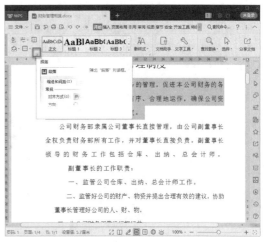

图2-95

02 弹出"段落"对话框，切换至"缩进和间距"选项卡，在"缩进"选项组中的"特殊格式"下拉列表中选择"悬挂缩进"选项，然后在"度量值"微调框中输入"2"，其他设置保持不变，如图2-96所示。

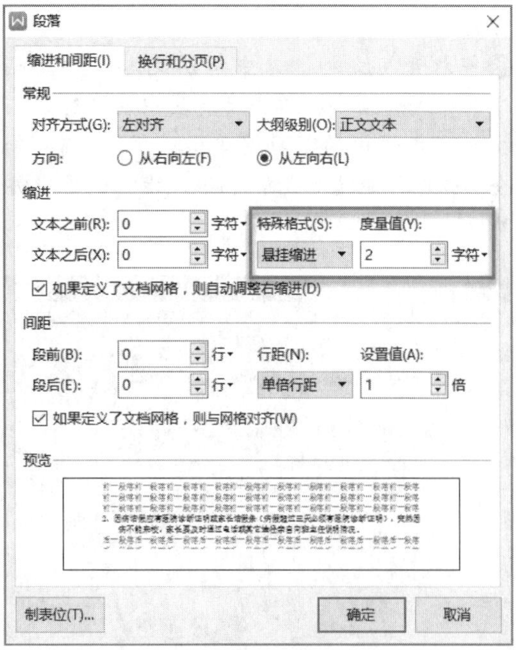

图2-96

03 单击"确定"按钮，返回WPS文字，设置效果如图2-97所示。

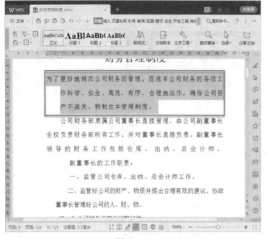

图2-97

三、设置间距

间距包括行与行之间、段落与行之间、段落与段落之间的距离。在 WPS 文字中，用户可以通过以下方法设置间距。

方法 1：

使用"段落"组设置间距的具体操作步骤如下。

01 打开某文档，选中全篇文本，切换至"开始"选项卡，单击功能区中的"行距"按钮，在弹出的下拉菜单中选择"1.5"命令，随即行距就变成了1.5倍行距，如图2-98所示。

图2-98

02 选中标题行，单击功能区中的"行距"

按钮，在弹出的下拉菜单中选择"其他"命令，如图2-99所示。

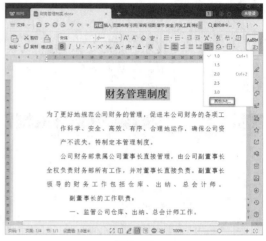

图2-99

03 弹出"段落"对话框，切换至"缩进和间距"选项卡，在"间距"选项组中"段后"微调框内输入"1"，并将单位修改为"行"，设置完成后单击"确定"按钮，如图2-100所示，用户即可发现标题所在的段落下方增加了一段空白间距。

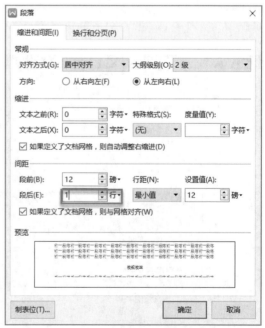

图2-100

方法 2：

打开某文档，选中文档的标题行，切换

至"开始"选项卡，单击功能区中"段落"组右下角的对话框启动器按钮。弹出"段落"对话框，切换至"缩进和间距"选项卡，在"间距"选项组中的"段前"微调框中将间距值调整为"1"，在"段后"微调框中将间距值调整为"12"，在"行距"下拉列表中选择"最小值"选项，在"设置值"微调框中输入"12"磅，如图 2-101 所示。

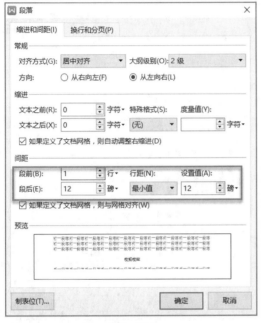

图2-101

四、添加项目符号和编号

合理使用项目符号和编号，可以使文档的层次结构更清晰、更有条理。

01　打开某文档，选中需要添加项目符号的文本，切换至"开始"选项卡，单击功能区中"项目符号"扩展按钮，在弹出的下拉菜单中选择"带填充效果的大圆形项目符号"命令，随即在文本前插入了圆形项目符号，如图2-102所示。

02　选中需要添加编号的文本，单击功能区中"编号"扩展按钮，在弹出的下拉菜单中选择一种合适的编号，即可在文档中插入编号，如图2-103所示。

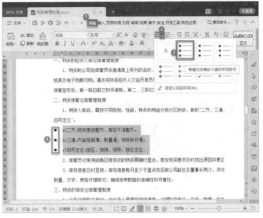

图2-102

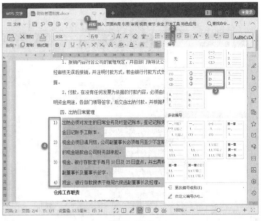

图2-103

2.2.3　添加边框和底纹

为了使段落内容更加醒目，可以在文档中添加边框和底纹。

一、添加边框

默认情况下，边框的格式为黑色单直线，设置段落边框的格式，可以使其更加美观，具体操作步骤如下。

01　打开某文档，选中要添加边框的文本，切换至"开始"选项卡，单击功能区中"边框"扩展按钮，在弹出的下拉菜单中选择"外侧框线"命令，如图2-104所示。

图2-104

02 返回WPS文字，添加边框后的效果如图2-105所示。

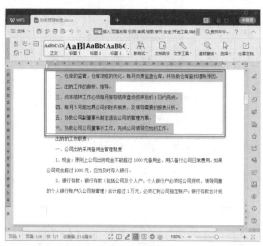

图2-105

二、添加底纹

为文档添加底纹的具体操作步骤如下。

01 选中要添加底纹的文本，切换至"页面布局"选项卡，在功能区中单击"页面边框"按钮，如图2-106所示。

02 弹出"边框和底纹"对话框，切换至"底纹"选项卡，在"填充"下拉列表中选择"矢车菊蓝，着色5，浅色40%"选项，如图2-107所示。

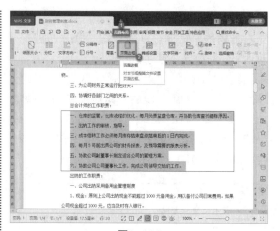

图2-106

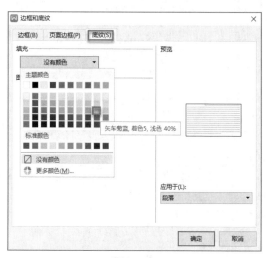

图2-107

03 在"图案"选项组中的"样式"下拉列表中选择"5%"选项，如图2-108所示。

图2-108

04 单击"确定"按钮，返回WPS文字，添加底纹后的效果如图2-109所示。

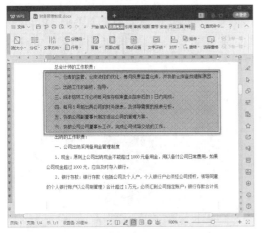

图2-109

2.2.4 设置页面背景

可以设置文档的页面背景，使文字文档看起来更加美观。页面背景包括水印、背景色、填充效果等。

一、添加水印

水印是指作为文档背景的文字或图像，WPS 文字提供了多种水印模板和自定义水印功能，具体操作步骤如下。

01 打开某文档，切换至"插入"选项卡，在功能区中单击"水印"扩展按钮，如图2-110所示。

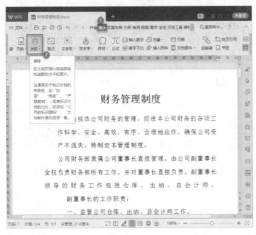

图2-110

02 在下拉菜单中可以直接选择"预设水印"下的任意水印，或者选择"插入水印"命令进行设置，如图2-111所示。

图2-111

03 若选择"插入水印"命令，则弹出"水印"对话框，用户可以在"文字水印"选项组内进行设置，如在"内容"下拉列表中选择"严禁复制"选项，在"字体"下拉列表中选择"楷体"选项，在"字号"下拉列表中选择"80"选项，设置完成后单击"确定"按钮即可，如图2-112所示。

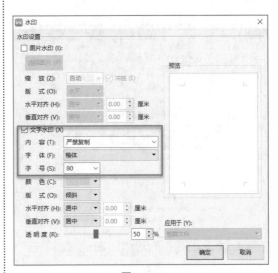

图2-112

04 返回WPS文字，添加水印后的效果如图2-113所示。

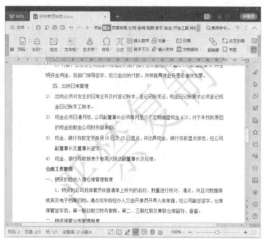

图2-113

二、设置背景色

背景色是指显示在 WPS 文字文档底层的颜色或图案，其可丰富文档的页面显示效果，背景色仅在文档展现时可以看到，页面打印时不会显示，设置背景色的具体操作步骤如下。

01 切换至"页面布局"选项卡，单击功能区中"背景"扩展按钮，在弹出的下拉菜单中用户可以选择主题颜色，如"巧克力黄，着色2"，或者选择"其他填充颜色"命令，如图2-114所示。

图2-114

02 若选择"其他填充颜色"命令，则弹出"颜色"对话框，切换至"自定义"选项卡，在"颜色"面板上选择合适的颜色，也可以在下方的微调框中调整颜色的RGB值，然后单击"确定"按钮即可，如图2-115所示。

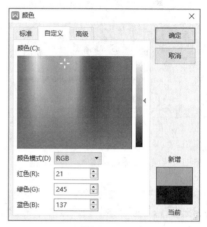

图2-115

03 返回WPS文字，设置背景色后的效果如图2-116所示。

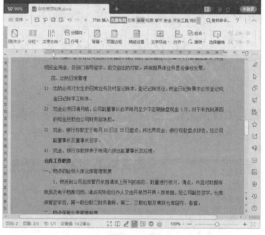

图2-116

三、添加填充效果

01 切换至"页面布局"选项卡，单击功能区中"背景"扩展按钮，在弹出的下拉菜单中选择"其他背景"下的"纹理"命令，如图2-117所示。

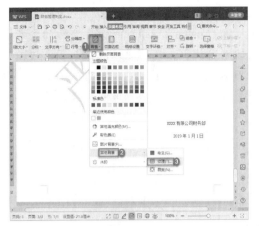

图2-117

02　弹出"填充效果"对话框，切换至"纹理"选项卡，在"纹理"列表框中选择"金山"选项，单击"确定"按钮，如图2-118所示。

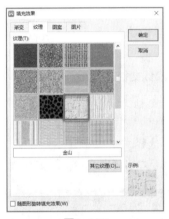

图2-118

03　返回WPS文字，添加纹理后的效果如图2-119所示。

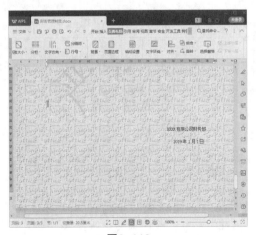

图2-119

2.2.5　审阅文档

在日常工作中，某些文件是需要经过反复讨论、修改才能确定最终版本的，在这个过程中需要不断添加批注、修改相关信息等。WPS 文字提供了批注、修订、更改等审阅工具，具体操作步骤如下。

一、添加批注

为了帮助阅读者更好地理解文章内容以及跟踪文档的修改情况，可以为文档添加批注。添加批注的具体操作步骤如下。

01　打开文档，选中要插入批注的文字，切换至"插入"选项卡，单击功能区中的"批注"按钮，如图2-120所示。

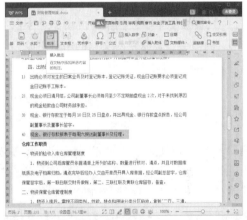

图2-120

02　随即在文档的右侧出现一个批注框，用户可以根据需要输入批注信息。WPS文字的批注信息前面会自动加上用户名以及添加批注的时间，如图2-121所示。

图2-121

03 如果要删除批注，单击批注框右上角的"编辑批注"按钮，选择"删除"命令即可，如图2-122所示。

图2-122

二、修订文档

文档修订功能包括插入、删除、格式更改等，在WPS文字中，如果修订功能处于打开状态，系统会自动跟踪对文档的所有更改。

1. 更改用户名

在文档的审阅和修订过程中，可以更改用户名，具体的操作步骤如下。

01 打开文档，切换至"审阅"选项卡，单击功能区中"修订"扩展按钮，在弹出的下拉菜单中选择"更改用户名"命令，如图2-123所示。

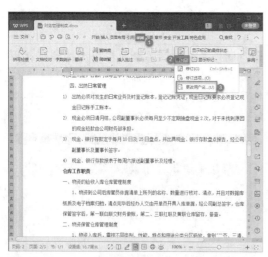

图2-123

02 弹出"选项"对话框，切换至"用户信息"选项卡，用户可以在对话框右侧对用户

信息进行修改，如在"姓名"下方的文本框内输入"zhang"，在"缩写"下方的文本框内输入"zh"，在"通讯地址"下方的文本框内输入"北京市××"，然后选中"在修订中使用该用户信息"前的复选按钮，单击"确定"按钮即可，如图2-124所示。

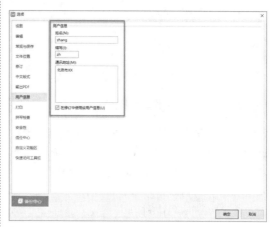

图2-124

2. 修订文档

01 打开文档，切换至"审阅"选项卡，单击功能区中"显示标记"按钮，在弹出的下拉菜单中选择"使用批注框"下的"在批注框中显示修订内容"命令，如图2-125所示。

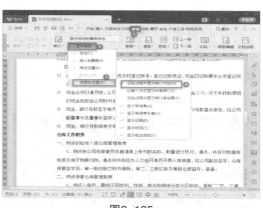

图2-125

02 单击功能区中显示状态下拉按钮，在弹出的下拉列表中选择"显示标记的最终状态"选项，如图2-126所示。

03 在"审阅"选项卡内，单击功能区中"修订"按钮，随即进入修订状态。

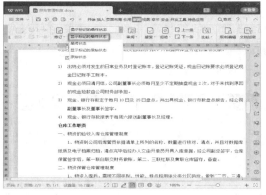

图2-126

04 将文档中的数字"两"修改为"三"，此时，文档右侧的批注框内会自动显示修改的作者、时间以及删除的内容，如图2-127所示。

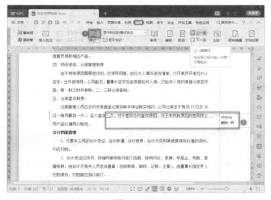

图2-127

05 直接删除文档中的文本"公司副总，"，效果如图2-128所示。

图2-128

06 将文档标题"财务管理制度"的字号调整为"小二"，随即在右侧弹出一个批注框，并显示格式修改的详细信息，如图2-129所示。

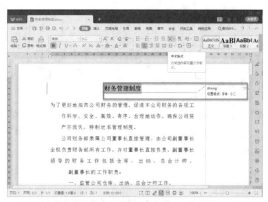

图2-129

07 当所有的修订完成以后，用户可以通过"审阅窗格"功能浏览所有的审阅摘要。切换至"审阅"选项卡，单击功能区中的"审阅"扩展按钮，在弹出的下拉菜单中选择"审阅窗格"下的"垂直审阅窗格"命令，如图2-130所示。

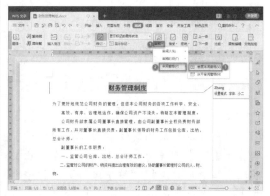

图2-130

08 此时在文档右侧会出现一个审阅窗格，并显示审阅记录，如图2-131所示。

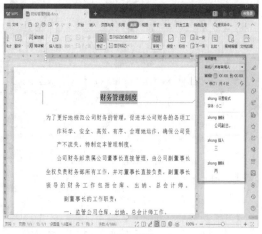

图2-131

3. 更改文档

文档的修订工作完成以后，用户可以跟踪修订内容，并选择接受或拒绝。更改文档的具体操作步骤如下。

01 打开文档，切换至"审阅"选项卡，在功能区中单击"上一条"按钮或"下一条"按钮，可以定位到当前修订的上一条或下一条，如图2-132所示。

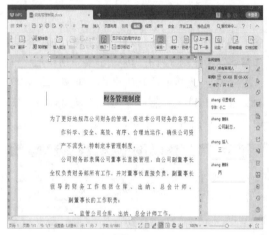

图2-132

02 用户可以对文档的修订内容选择接受。单击功能区中"接受"扩展按钮，在弹出的下拉菜单中可以选择"接受修订""接受所有的格式修订"等命令，如图2-133所示。

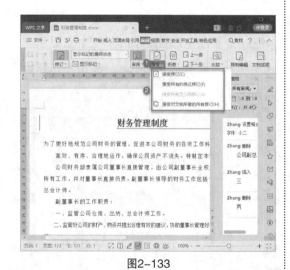

图2-133

03 用户也可以对文档的修订内容选择拒

绝。单击功能区中"拒绝"扩展按钮，在弹出的下拉菜单中可以选择"拒绝所选修订""拒绝所有的格式修订"等命令，如图2-134所示。

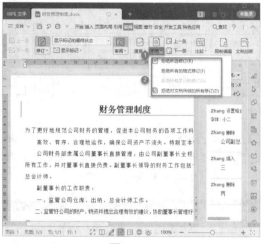

图2-134

04 审阅完毕后，单击功能区中"修订"按钮，退出修订状态，如图2-135所示。

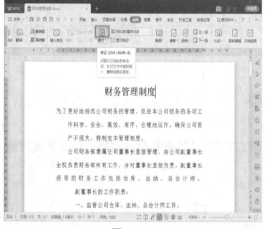

图2-135

2.2.6 设计封面

在WPS文字中，通过插入图片和文本框，用户可以快速地为文档设计封面。

一、插入并编辑图片

在文档中插入并编辑图片的具体操作步

骤如下。

01 打开某文档，将光标定位在标题行前，切换至"插入"选项卡，单击功能区中的"空白页"扩展按钮，选择"竖向"命令，如图2-136所示。

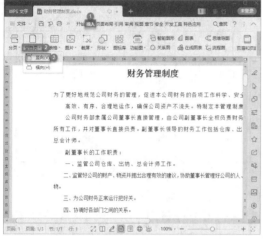

图2-136

02 此时，在文档的开头插入了一页空白页，将光标定位在空白页中，切换至"插入"选项卡，单击功能区中的"图片"扩展按钮，选择"来自文件"命令，如图2-137所示。

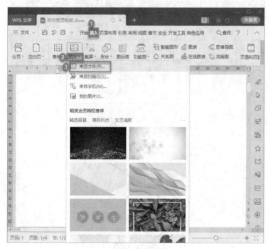

图2-137

03 弹出"插入图片"对话框，选择左侧的"计算机"选项，选择"WPS"文件夹，然后在右侧选择图片，单击"打开"按钮，如图2-138所示。

图2-138

04 返回WPS文字，此时在文档中插入了一张封面底图，切换至"图片工具"选项卡，单击功能区中"大小和位置"组的对话框启动器按钮，如图2-139所示。

图2-139

05 弹出"布局"对话框，切换至"大小"选项卡，取消选中"锁定纵横比"前的复选按钮，在"高度"选项组中的"绝对值"微调框中输入"29.6"，在"宽度"选项组中的"绝对值"微调框中输入"20.9"，如图2-140所示。

06 切换至"文字环绕"选项卡，在"环绕方式"下单击选择"衬于文字下方"选项，然后单击"确定"按钮，如图2-141所示。

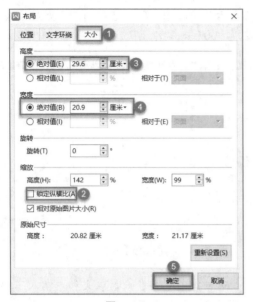

图2-140

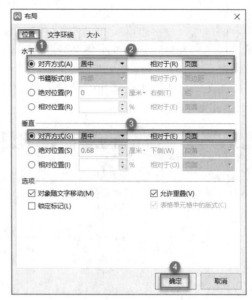

图2-142

图2-141

⑦　切换至"位置"选项卡，在"水平"选项组中选中"对齐方式"前的单选按钮，然后在其右侧的下拉列表中选择"居中"选项，在"相对于"右侧的下拉列表中选择"页面"选项。在"垂直"选项组中选中"对齐方式"前的单选按钮，然后在其右侧的下拉列表中选择"居中"选项，在"相对于"右侧的下拉列表中选择"页面"选项，单击"确定"按钮，如图2-142所示。

二、插入并编辑文本框

在编辑文档时，经常会用到文本框，插入并编辑文本框的具体操作步骤如下。

01　切换至"插入"选项卡，单击功能区中"文本框"扩展按钮，在弹出的下拉菜单中选择"多行文字"命令，如图2-143所示。

图2-143

02　此时，WPS文字中会出现一个"+"号，单击并拖动鼠标指针，插入一个多行文字文本框。

03 在文本框内输入文本"××××公司财务管理制度",然后将鼠标指针移动到文本框的边线上,按住鼠标左键不放,将其拖动到合适的位置后释放鼠标左键,如图2-144所示。

图2-144

04 选中文本"××××公司财务管理制度",切换至"开始"选项卡,单击功能区中"字体"下拉按钮,选择"楷体"选项,单击功能区中"字号"下拉按钮,选择"初号"选项,如图2-145所示。

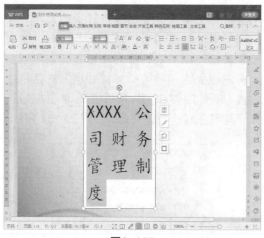

图2-145

05 选中该文本框,然后将鼠标指针移动到文本框的右下角,按住鼠标左键不放,拖动鼠标指针将其调整到合适的大小后,释放鼠标左键,如图2-146所示。

图2-146

06 将光标定位在文本"财务"之前,然后按空格键调整文本"财务管理制度"的位置,设置完毕,效果如图2-147所示。

图2-147

2.3 高手过招——批量清除空行和简繁转换

2.3.1 批量清除文档中的空行

在编辑文档时,会从网上复制粘贴一些需要的段落,但是复制过来的文字中间存在大量的空行，动手一行一行删除，不仅浪费时间，还有可能无法删除干净，所以需要批量删除文档中存在的空行，具体操作步骤如下。

01 在WPS文字中，按"Ctrl+H"组合键，弹出"查找和替换"对话框，切换至"替换"选项卡，在"查找内容"右侧的文本框内输入"^p^p"，在"替换为"右侧的文本框内输入"^p"（符号"^"，即"Shift+6"组合键，需在英文半角输入法下输入，"^p"表示一个硬回车，即段落间隔符；"^p^p"表示两个连续硬回车，中间无字符，即存在空行），如图2-148所示。

图2-148

02 单击"全部替换"按钮，弹出"WPS文字"提示对话框，并显示替换结果，此时单击"确定"按钮，即可批量清除文档中的空行，如图2-149所示。

图2-149

2.3.2 简繁体轻松转换

简繁体转换可以将中文简体字转换成繁体字，或者将繁体字转换为简体字。输入需要转换的文字，单击即自动转换成所需要的字，具体操作步骤如下。

方法1：

打开文档，选中要进行转换的文本，切换至"审阅"选项卡，单击功能区中的"繁转简"按钮即可实现文本由繁体向简体的转换，单击功能区中的"简转繁"按钮即可实现文本由简体向繁体的转换，如图2-150所示。

图2-150

方法2：

打开文档，选中要进行转换的文本，切换至"审阅"选项卡，单击功能区中"中文简繁转换"组的对话框启动器按钮，可以根据需求在弹出的"中文简繁转换"对话框中设置"转换方向"或"转换单位"，单击"确定"按钮即可完成简繁体转换，如图2-151所示。

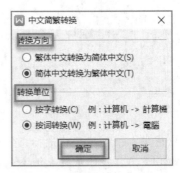

图2-151

第 3 章

WPS 文字的美化

很多人都只是将WPS文字的应用作为一种文字编辑工具,其实WPS文字的功能十分强大。第2章主要介绍了WPS文字的基本操作,包括新建、编辑、保存和打开文档等,并对文字、段落、页面背景做了一个简短介绍。本章将着重对文档的美化操作进行详细讲解,如图形的绘制与编辑、图片及文本框的应用以及艺术字的应用等。使用WPS文字中的图文混排功能,可以制作出很多漂亮的单页。

3.1 图形的绘制与编辑

为了让用户更清晰、明确地了解文档中文本内容之间的关系,在编辑文档时,常常使用图形进行辅助说明。下面将对图形的绘制与编辑进行详细介绍。

3.1.1 页面比例分割

为了给面试官留下深刻印象,在制作简历时,要让简历信息更加清晰明了,能更好凸显面试者的各种信息,显示重点,将对简历页面按照黄金比例进行垂直分割和对齐设置。

一、垂直分割

首先根据需要编写的内容,规划页面布局,按比例分割页面,常用的页面比例为 8:13 或 13:8,本例以 8:13 分割。页面左侧填写个人简要信息,如姓名、求职意向、联系方式等;页面右侧填写个人背景信息,如教育背景、工作经历等。具体操作步骤如下。

01 新建一个空白文档,切换至"插入"选项卡,单击功能区中"形状"扩展按钮,在弹出的下拉菜单中选择"线条"下的"直线"命令,如图3-1所示。

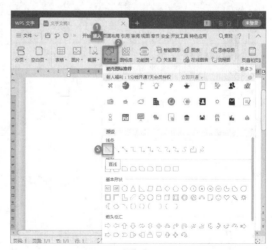

图3-1

02 此时将鼠标指针移动到文档的编辑区，鼠标指针变成"+"形状，按住"Shift"键的同时，按住鼠标左键不放，向下拖动鼠标指针即可绘制一条竖直直线，绘制完毕，释放鼠标左键即可，如图3-2所示。

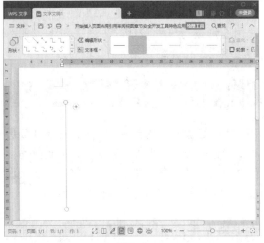

图3-2

03 选中绘制的直线，切换至"绘图工具"选项卡，单击功能区中"轮廓"扩展按钮，在弹出的下拉菜单中选择一种合适的颜色即可。如果用户对"主题颜色"中的颜色都不满意，可以自定义颜色，在弹出的下拉菜单中选择"其他轮廓颜色"命令，如图3-3所示。

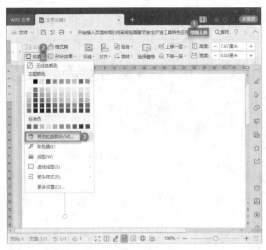

图3-3

04 弹出"颜色"对话框，切换至"自

定义"选项卡，在"颜色模式"下拉列表中选择"RGB"选项，然后通过调整"红色""绿色""蓝色"微调框中的数值来选择合适的颜色，此处"红色""绿色""蓝色"微调框中的数值分别设置为"236""233""234"，如图3-4所示。

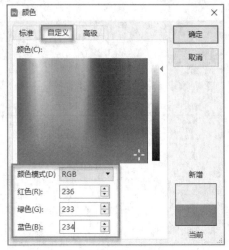

图3-4

05 设置完毕后，单击"确定"按钮，返回WPS文字，即可看到直线的轮廓颜色效果，如图3-5所示。

图3-5

06 设置直线的宽度。再次单击功能区中"轮廓"扩展按钮，在弹出的下拉菜单中选择"线型"下的"1.5磅"命令，如图3-6所示。

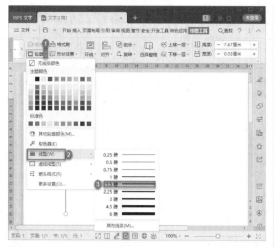

图3-6

07　设置直线的长度。由于使用的是WPS文字默认的A4页面，其高度是29.7厘米，所以这里把直线的长度设置为29.7厘米。在功能区中"高度"微调框中输入"29.70厘米"，然后按"Enter"键，即可将直线的长度调整为29.7厘米，如图3-7所示。

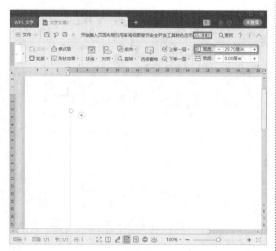

图3-7

08　直线的颜色、宽度、长度设置完成后，就可以调整直线的位置了，使其将页面按8∶13进行垂直分割。

二、页面对齐

　　计划在 A4 纸上画一条竖线，该线将页面按照 8 ∶ 13 的比例进行分割，直线左侧是 8

厘米，右侧是 13 厘米，正好是 8 ∶ 13 的比例，具体操作步骤如下。

01　选中直线，切换至"绘图工具"选项卡，单击功能区中"大小和位置"组的对话框启动器按钮，如图3-8所示。

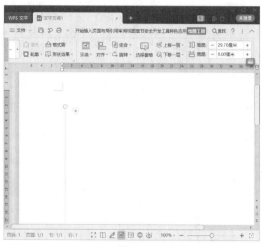

图3-8

02　弹出"布局"对话框，切换至"位置"选项卡，在"水平"选项组中选中"绝对位置"前的单选按钮，并在其右侧的微调框内输入"8"，然后在"右侧"下拉列表中选择"左边距"选项，在"垂直"选项组中选中"对齐方式"前的单选按钮，在其右侧的下拉列表中选择"顶端对齐"选项，在"相对于"下拉列表中选择"页面"选项，如图3-9所示。

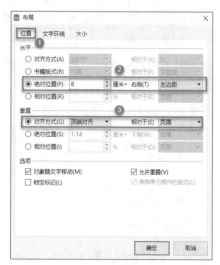

图3-9

03 设置完毕后，单击"确定"按钮。返回WPS文字，即可看到直线已经将页面分成两部分了，如图3-10所示。

图3-10

简历的页面比例分割完成，用户可以根据需求来进行简历内容的编辑。13∶8的页面比例分割操作与上述相似，在此不再赘述。

3.1.2 流程图绘制与编辑

在文档中插入流程图，可以让枯燥的文字说明变得清晰易懂，更好说明文档中文本内容之间的关系。例如，某公司财务部需要制定收款与发货管理制度，如果后面附上了收款与发货的流程图，会使员工更能清晰、明确地了解相关制度。

一、绘制图形

根据收款与发货管理制度的内容，首先要绘制图形，把人物绘制成"可选过程"，代办事件绘制成"矩形"，联系用"箭头"表示。

1. 绘制可选过程

绘制可选过程的具体操作步骤如下。

01 打开"收款及发货管理制度"文档，如图3-11所示。

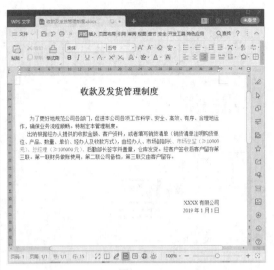

图3-11

02 将光标定位在文档内容的最后，切换至"插入"选项卡，单击工具栏中"形状"按钮，在弹出的下拉菜单中选择"流程图"下的"流程图：可选过程"命令，如图3-12所示。

图3-12

03 当光标变为"+"形状，按住鼠标左键不放，拖动鼠标指针绘制合适大小的图形，绘制完成后，释放鼠标左键即可，如图3-13所示。

图3-13

04 切换至"绘图工具"选项卡，单击功能区中"形状样式"组的其他按钮，在展开的列表中选择合适的形状样式即可，这里选择"彩色轮廓-黑色，深色1"，如图3-14所示。

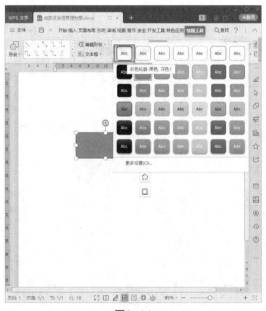

图3-14

05 根据收款及发货管理制度的内容，可以看到有经办人、市场部部长、市场总监、总经理和后勤部长5位人员，所以要绘制5个"可选过程"的图形。复制第一个已经绘制完的"可选过程"图形，粘贴4次即可，如图3-15所示。

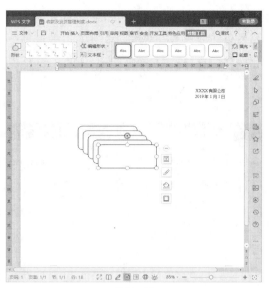

图3-15

06 单击一个"可选过程"图形，当鼠标指针上方出现上下左右箭头，按住鼠标左键不放并拖动鼠标指针就可以把"可选过程"图形拖动至合适的位置。可以切换至"视图"选项卡，选中功能区中"网格线"前的复选按钮，比较容易调整位置，如图3-16所示。

图3-16

07 按照同样的方法，把所有的"可选过程"图形拖动至合适位置，如图3-17所示。

08 单击"可选过程"图形，依次输入文字"经办人""市场部部长""市场总监""总经理""后勤部长"，并适当调整

"可选过程"图形大小。如果调整文字字体和大小，切换至"开始"选项卡，单击"字体"和"字号"下拉按钮，选择合适的字体和字号即可。这里选择"宋体"和"五号"，如图3-18所示。

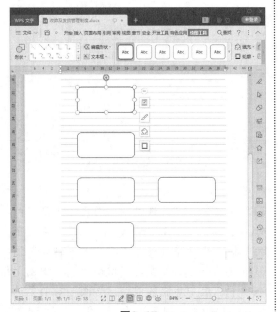

图3-17

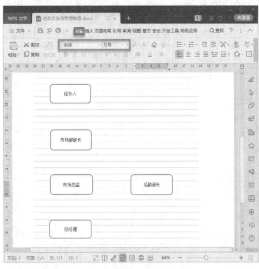

图3-18

2. 绘制矩形

绘制矩形的具体操作步骤如下。

01 切换至"插入"选项卡，单击功能区中"形状"按钮，在弹出的下拉菜单中选择"矩形"下的"矩形"命令，如图3-19所示。

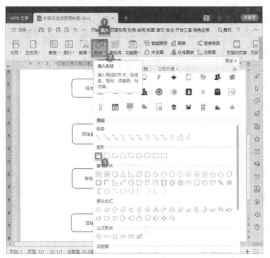

图3-19

02 当光标变为"+"形状，按住鼠标左键不放，拖动鼠标指针绘制合适大小的图形，绘制完成后，释放鼠标左键即可，如图3-20所示。

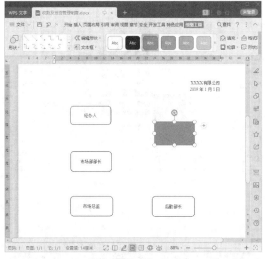

图3-20

03 设置"矩形"图形的形状格式，同设置"可选过程"图形步骤相同，在此不再赘述。

04 根据收款及发货管理制度的内容，可以看到有经办人提供的收款金额、客户资料或者销货清单（销货清单注明购货单位、产品、数量、单价、经办人及收款方式）、

≥10000元、≥100000元、仓库发货、第一联财务做账使用、第二联公司备档、第三联交由客户留存，所以要绘制8个"矩形"图形。复制第一个已经绘制完成的"矩形"图形，粘贴7次即可，如图3-21所示。

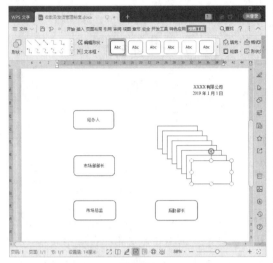

图3-21

05　按照调整"可选过程"图形位置的方法，把所有的"矩形"图形拖动至合适位置，这里不再赘述，如图3-22所示。

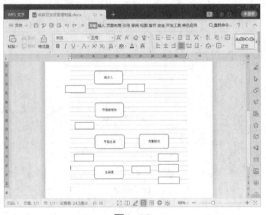

图3-22

06　单击"矩形"图形，依次输入文字"填写销货清单（或收据）交由出纳开单""注明购货单位、产品、数量、单价、付款方式和经办人姓名""≥10000元""≥100000元""仓库发货""一联财务凭证""二联备档""三联客户留存"，并根据文本大小

适当调节图形的大小，如图3-23所示。

图3-23

3．绘制箭头

绘制箭头的具体操作步骤如下。

01　切换至"插入"选项卡，单击功能区中"形状"按钮，在弹出的下拉菜单中选择"线条"下的"箭头"命令，如图3-24所示。

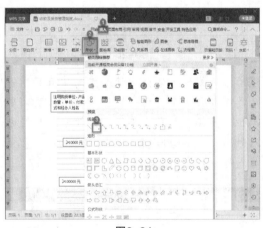

图3-24

02　在"经办人""市场部部长""市场总监""总经理"之间依次插入向下箭头，如图3-25所示。

03　在"市场部部长"和"后勤部长"、"市场总监"和"后勤部长"、"总经理"和"后勤部长"之间，插入指向"后勤部长"的箭头，如图3-26所示。

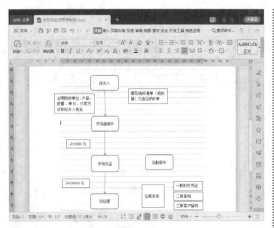

图3-25

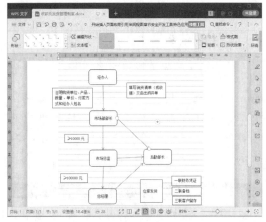

图3-26

04 以同样的方法分别插入指向"填写销货清单（或收据）交由出纳开单""注明购货单位、产品、数量、单价、付款方式和经办人姓名"" ≥10000元"" ≥100000元""仓库发货"的箭头，如图3-27所示。

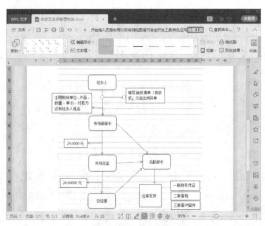

图3-27

05 以同样的方法在"仓库发货"与"一联财务凭证""二联备档""三联客户留存"之间插入指向后者的箭头，如图3-28所示。

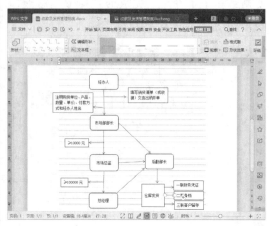

图3-28

06 选中"箭头"图形，切换至"绘图工具"选项卡，单击功能区中"设置形状格式"组的其他按钮，在展开的列表中选择合适的箭头颜色即可，在这里选择"强调线–深色1"选项，如图3-29和图3-30所示。

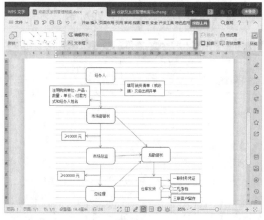

图3-29

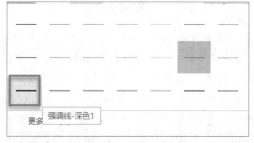

图3-30

07 按照同样方法把所有的"箭头"图形调成一样的颜色，如图3-31所示。

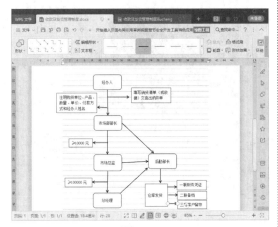

图3-31

至此，一个完整的工作流程图绘制完成，可以稍微调整一下流程图里图形的位置，以使其更美观、得体。

备注：插入一个"箭头"图形后，想继续插入，直接单击"绘制工具"选项卡下"形状"下的"箭头"即可，如图 3-32 所示。

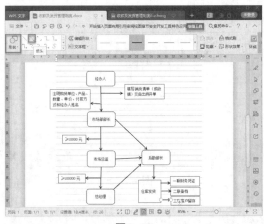

图3-32

二、编辑所绘图形

绘制完图形后，为了让图形更加美观、更具有逻辑性，可以对插入的图形进行编辑，下面介绍具体操作方法。

1. 应用图形样式

WPS 文字提供了图形快速样式功能，可以让用户快速对图形样式进行更改，在前面绘制流程图的时候介绍过，这里就不再赘述。

2. 自定义图形样式

如果内置图形样式已经不能够满足需求，用户可以自定义图形样式，具体操作步骤介绍如下。

01 打开"收款及发货管理制度"文档，若要设置图形的颜色，选中要设置的图形，如"经办人"图形。切换至"绘图工具"选项卡，单击功能区中"填充"扩展按钮，在弹出的下拉菜单中选择一种合适的颜色即可。如果用户对"主题颜色"中的颜色都不满意，可以自定义其他颜色，在弹出的下拉菜单中选择"其他填充颜色"命令，如图3-33所示。

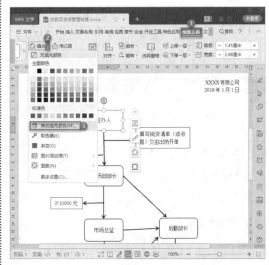

图3-33

02 弹出"颜色"对话框，切换至"自定义"选项卡，在"颜色模式"下拉列表中选择"RGB"选项，然后通过调整"红色""绿色""蓝色"微调框中的数值来选择合适的颜色，此处"红色""绿色""蓝色"微调框中的数值分别设置为"234""235""235"，如图3-34所示。

03 若要设置图形轮廓，选中"经办人"图形，切换至"绘图工具"选项卡，单击功能区中"轮廓"扩展按钮，在弹出的下拉菜单中选择一种合适的颜色即可。如果用户对"主题颜色"中的颜色都不满意，可以自定义其他颜色，在弹出的下拉菜单中选择"其他轮廓颜色"命令，如图3-35所示。

图3-34

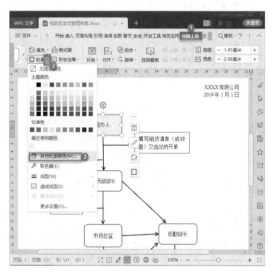

图3-35

04 弹出"颜色"对话框，切换至"自定义"选项卡，在"颜色模式"下拉列表中选择"RGB"选项，然后通过调整"红色""绿色""蓝色"微调框中的数值来选择合适的颜色，此处"红色""绿色""蓝色"微调框中的数值分别设置为"150""150""150"，如图3-36所示。

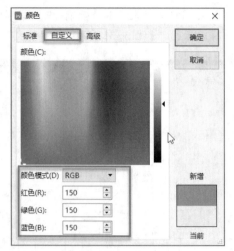

图3-36

05 若要设置图形效果，选中"经办人"图形，切换至"绘图工具"选项卡，单击功能区中"形状效果"按钮，在弹出的下拉菜单中选择一种合适的效果即可，如图3-37所示。

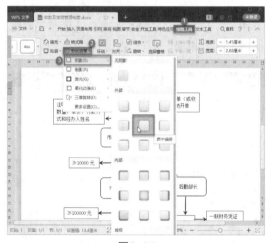

图3-37

三、快速更改图形形状

完成一个流程图的绘制和编辑后，如需要快速调整图形形状，只需要通过"编辑形状"功能进行更改即可，具体操作步骤如下。

01 选中要更改的图形，如"经办人"图形，切换至"绘图工具"选项卡，单击功能区中"编辑形状"按钮，在弹出的下拉菜单中选择"更改形状"命令即可，如图3-38所示。

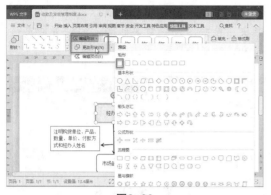

图3-38

02　在"更改形状"的子菜单中选择"圆角矩形"命令，即可快速将"可选过程"图形更改为"圆角矩形"图形，并保留对图形格式的设置，如图3-39所示。

图3-39

3.2　图片及文本框的应用

在制作文档时，为了使文档图文并茂，常常在文档中插入图片进行美化。在展示标题或是引述文档的内容时，可以用 WPS 文字的文本框来显示所包含的内容。

通常我们会认为贺卡、明信片和单页的设计必须使用很专业的设计软件，如 AI、Photoshop 等，其实使用 WPS 文字也可以完成它们的制作。下面通过对单页的制作过程的讲解来详细介绍图片和文本框的应用。

3.2.1　单页的页面背景颜色

WPS 文字默认使用的页面背景颜色一般为白色，如果需要制作的文档类型为招聘、超市活动等宣传单页时，白色背景就会显得比较单调，就需要考虑丰富背景颜色。本小节制作的是一张招聘单页，其本身的用色比较大胆，此处可以选择白色背景，使页面整体干净而不单调，具体操作步骤如下。

01　新建一个空白文档，并将其重命名为"招聘.docx"，如图3-40所示。

图3-40

02　这里背景颜色是白色，所以不用更改。也可以切换至"页面布局"选项卡，单击功能区中的"背景"按钮，在弹出的下拉菜单中选择"白色，背景1"命令，如图3-41所示。

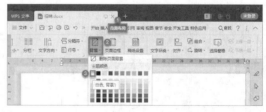

图3-41

03　如果用户对颜色要求比较高，也可以在弹出的下拉菜单中选择"其他填充颜色"命令，如图3-42所示。

04　弹出"颜色"对话框，切换至"自定义"选项卡，在"颜色模式"下拉列表中选择"RGB"选项，然后分别在"红色""绿色""蓝色"微调框中输入合适的数值，此处分别输入"255""255""255",然后单击"确定"按钮,如图3-43所示。

图3-42

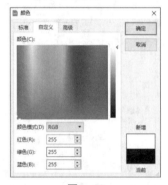

图3-43

⑤ 如果用户想让背景和插入图片能够更自然地融合在一起,可以在插入图片之后,切换至"页面布局"选项卡,单击功能区中的"背景"按钮,在弹出的下拉菜单中选择"取色器"命令,如图3-44所示。

图3-44

⑥ 此时,用户可以看到鼠标指针变成吸管形状,单击图片中需要的颜色的位置即可,如图3-45所示。

图3-45

3.2.2 图片的插入与编辑

图片能给人以视觉冲击,所以在单页中插入一张图片是必要的,本小节将介绍插入、编辑图片的方法。

一、插入图片

正常拍摄的图片通常是方形的,但是方形图片与文字直接衔接往往会比较突兀。用户可以先将拍摄好的图片利用修图软件进行简单处理,为图片添加一个简单的效果,使图片和文字的衔接显得更自然,具体操作步骤如下。

① 打开文档"招聘",切换至"插入"选项卡,单击功能区中"图片"扩展按钮,在弹出的下拉菜单中选择"来自文件"命令,如图3-46所示。

② 弹出"插入图片"对话框,在左侧选择"计算机"选项,在右侧选择合适的素材图片,然后单击"打开"按钮,如图3-47所示。

以需要将图片的宽度更改为与页面宽度一致。更改图片大小的具体操作步骤如下。

01 选中图片，切换至"图片工具"选项卡，在功能区中"宽度"微调框内输入"21厘米"，如图3-49所示。

图3-46

图3-49

02 用户即可看到图片的宽度调整为21厘米，高度也会等比例增加，这是因为系统默认图片是锁定纵横比的，如图3-50所示。

图3-47

03 返回WPS文字，即可看到选中的素材图片已插入文档，如图3-48所示。

图3-48

二、更改图片大小

由于插入的图片要作为单页的单尾，所

图3-50

三、调整图片位置

前面已经设定图片的宽度为 21 厘米，所以只需要将图片调整为相对于页面左对齐和底端对齐即可。

但是，由于在 WPS 文字中默认插入的图片是嵌入式的，嵌入式图片与文字处于同一层，图片就好比一个特大字符，被放置在两个字符之间。为了美观和排版方便，需要先调整图片的环绕方式，此处将其环绕方式设置为"衬于文字下方"即可。

设置图片环绕方式和调整图片位置的具体操作步骤如下。

1．设置图片的环绕方式

选中图片，切换至"图片工具"选项卡，单击功能区中的"环绕"按钮，在弹出的下拉菜单中选择"衬于文字下方"命令，如图3-51所示。

图3-51

2．调整图片位置

01 选中图片，切换至"图片工具"选项卡，单击功能区中的"对齐"按钮，在弹出的下拉菜单中选择"相对于页"命令，使其前面的图标被选中，如图3-52所示。

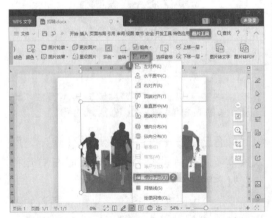

图3-52

02 再次单击"对齐"按钮，在弹出的下拉菜单中选择"左对齐"命令，如图3-53所示。

图3-53

即可使图片相对于页面左对齐，如图3-54所示。

图3-54

03 再次单击"对齐"按钮，在弹出的下拉菜单中选择"底端对齐"命令，如图3-55所示。

图3-55

即可使图片相对于页面底端对齐，效果如图3-56所示。

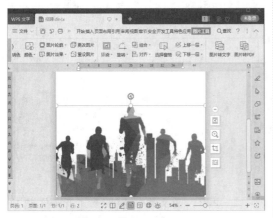

图3-56

3.2.3 文本框的插入与编辑

通常需要对单页上的文字效果进行单独设置，使其看起来更有活力、更时尚，使人印象深刻，WPS 文字提供了一些艺术效果，如果其无法满足日常需求，可以自定义进行设置，具体操作步骤如下。

一、绘制文本框

01 切换至"插入"选项卡，单击功能区中"文本框"扩展按钮，在弹出的下拉菜单中选择"横向"命令，如图3-57所示。

图3-57

02 将鼠标指针移动到需要插入单页单头文本的位置，此时鼠标指针成"+"形状，按住鼠标左键不放，拖动鼠标指针绘制一个横向文本框，绘制完毕，释放鼠标左键即可，如图3-58所示。

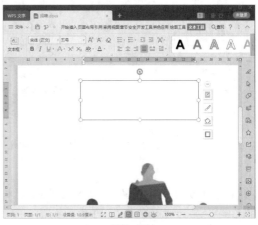

图3-58

二、设置文本框

绘制的横向文本框默认底纹填充颜色为白色，边框颜色为黑色。为了使文本框与单页整体更加契合，这里需要将文本框设置为无填充、无轮廓。具体的操作步骤如下。

01 选中绘制的文本框，切换至"绘图工具"选项卡，单击功能区中"填充"扩展按钮，在弹出的下拉菜单中选择"无填充颜色"命令，如图3-59所示。

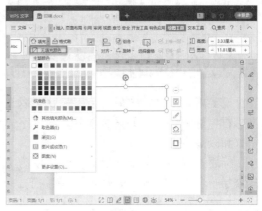

图3-59

02 继续单击功能区中"轮廓"扩展按钮，

在弹出的下拉菜单中选择"无线条颜色"命令，如图3-60所示。

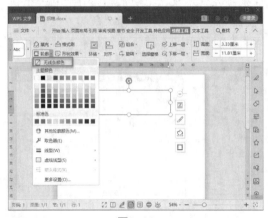

图3-60

03 返回WPS文字，即可看到绘制的文本框已经设置为无填充、无轮廓，如图3-61所示。

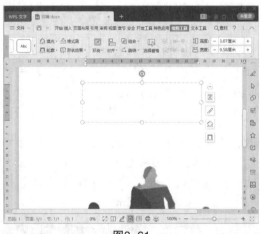

图3-61

三、输入文本框内容

设置好文本框格式后，接下来就可以在文本框中输入内容，并设置输入内容的字体格式和段落格式。

标题选择红色的渐变填充，也可以为文本添加一个黑色轮廓，具体操作步骤如下。

01 在文本框中输入单页标题"诚聘"，如图3-62所示。

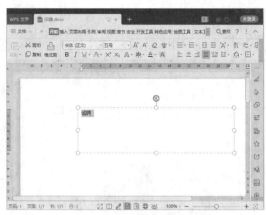

图3-62

02 选中输入的文本，切换至"开始"选项卡，单击功能区中"字体"组的对话框启动器按钮，如图3-63所示。

图3-63

03 弹出"字体"对话框，切换至"字体"选项卡，在"中文字体"下拉列表中选择"楷体"选项，在"字形"的列表框中选择"加粗"选项，在"字号"文本框中输入"115"，即可将选中文本设置为楷体、加粗、115号字，如图3-64所示。

04 接下来设置文本的渐变填充和文本轮廓颜色。单击"文本效果"按钮，弹出"设置文本效果格式"对话框，切换至"填充与轮廓"选项卡，单击"文本填充"按钮将菜单展开，选中"渐变填充"前的单选按钮，如图3-65所示。

图3-64

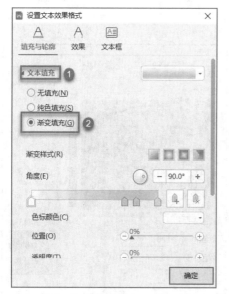

图3-65

图3-66

图3-67

05 系统默认的渐变光圈轴上有四个停止点，可以选中其中一个停止点，单击"删除渐变光圈"按钮，即可将选中的停止点删除，如图3-66所示。

06 按照相同的方法再删除一个停止点，使渐变光圈轴上只保留两个停止点，如图3-67所示。

07 选中渐变光圈轴上的第一个停止点，在"位置"微调框中输入"0%"，然后单击"色标颜色"下拉按钮，在弹出的下拉列表中选择"更多颜色"选项，如图3-68所示。

08 弹出"颜色"对话框，切换至"自定义"选项卡，在"颜色模式"下拉列表中选择"RGB"选项，然后分别在"红色""绿色""蓝色"微调框中输入合适的数值，此处分别输入"233""127""90"，然后单击"确定"按钮，如图3-69所示。

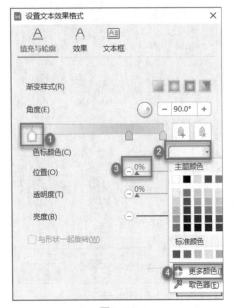

图3-68

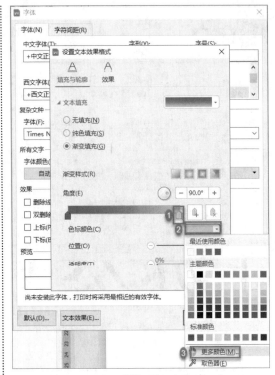

图3-70

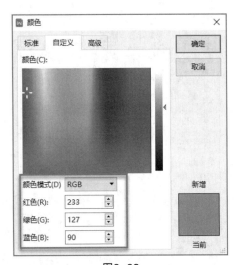

图3-69

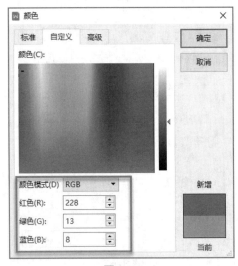

图3-71

⑨ 返回"设置文本效果格式"对话框，选中渐变光圈轴上的第二个停止点，在"位置"微调框中输入"100%"，然后单击"色标颜色"下拉按钮，在弹出的下拉列表中选择"更多颜色"选项，如图3-70所示。

⑩ 弹出"颜色"对话框，切换至"自定义"选项卡，在"颜色模式"下拉列表中选择"RGB"选项，然后分别在"红色""绿色""蓝色"微调框中输入合适的数值，此处分别输入"228""13""8"，然后单击"确定"按钮，如图3-71所示。

⑪ 返回"设置文本效果格式"对话框，单击"文本轮廓"按钮将菜单展开，选中"实线"前的单选按钮，在"宽度"微调框中输入"1.50磅"，然后单击"颜色"下拉按钮，在弹出的下拉列表中选择"黑色，文本1，浅色5%"选项，如图3-72和图3-73所示。

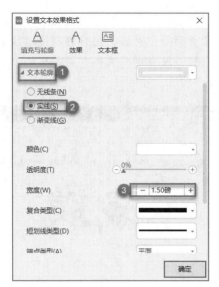

图3-72

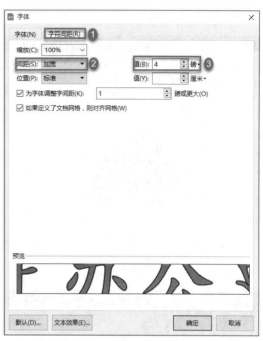

图3-74

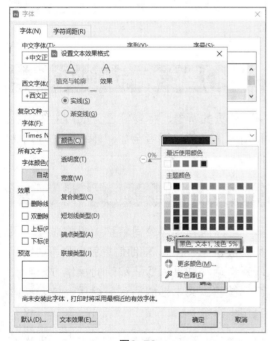

图3-73

图3-75

⑫ 设置完毕后单击"确定"按钮,返回"字体"对话框,切换至"字符间距"选项卡,在"间距"下拉列表中选择"加宽"选项,在"值"微调框中输入"4",如图3-74所示。

⑬ 设置完毕后单击"确定"按钮,返回WPS文字,根据文本的大小适当调整文本框的大小,如图3-75所示。

⑭ 文本框中默认文字的对齐方式为两端对齐,这种情况下,不好界定文本相对页面的位置,所以可以将文字的对齐方式设定为居中对齐。选中文本,切换至"开始"选项卡,单击功能区中的"居中对齐"按钮,将文本设置为相对于文本框居中对齐,如图3-76所示。

⑮ 接下来只需要将文本框设置为相对于页面水平居中,文本也就相对于页面水平居中了。切换至"绘图工具"选项卡,单击功能区中的"对齐"按钮,在弹出的下拉菜单中

选择"相对于页"命令，如图3-77所示。

图3-76

图3-77

⑯ 再次在功能中单击"对齐"按钮，在弹出的下拉菜单中选择"水平居中"命令，如图3-78所示。

图3-78

⑰ 返回WPS文字，即可看到文本"诚聘"相对于页面居中对齐。用户可以通过按上、下方向键，适当调整文本在页面中的上、下位置，如图3-79所示。

图3-79

3.2.4 主体内容与辅助信息设计

单页的背景、标题等已完成，主体内容和辅助信息能让读者全面、详细地了解招聘信息。

一、主体内容与辅助信息编辑

主体内容包含公司名称、招聘岗位、人员数量等基本信息。辅助信息包含公司地址、联系电话和联系人等。编辑的操作方法与上面"诚聘"文本框的插入与编辑一样，具体操作步骤如下。

01 将光标定位在"诚聘"右下方，切换至"插入"选项卡，单击功能区中"文本框"扩展按钮，在弹出的下拉菜单中选择"横向"命令，如图3-80所示。

02 拖动鼠标指针绘制文本框，选中绘制的文本框，切换至"绘图工具"选项卡，单击功能区中"填充"扩展按钮，在弹出的下拉菜单中选择"无填充颜色"命令，如图3-81所示。

图3-80

图3-81

03 继续单击功能区中"轮廓"扩展按钮，在弹出的下拉菜单中选择"无线条颜色"命令，如图3-82所示。

图3-82

04 在文本框中输入"××××有限公司"，如图3-83所示。

图3-83

05 选中输入的文本，切换至"开始"选项卡，单击功能区中"字体"组的对话框启动器按钮，如图3-84所示。

图3-84

06 弹出"字体"对话框，切换至"字体"选项卡，在"中文字体"下拉列表中选择"楷体"选项，在"字形"列表框中选择"加粗"选项，在"字号"文本框中输入"二号"，即可将选中文本设置为楷体、加粗、二号字，如图3-85所示。

07 公司名称编辑完成。用同样的方法完成招聘内容和辅助信息的添加，字体的大小可以根据内容自行调整。"业务精英（5名）""客服专员（3名）""行政助理（2

名）""薪资面议！"的字体是宋体、加粗、四号，招聘内容的其余内容和辅助信息的字体是宋体、五号。"薪资面议！"字体为倾斜。完成后的效果如图3-86所示。

图3-85

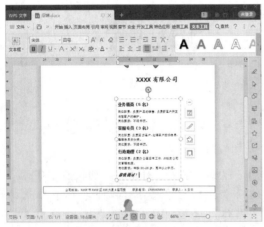

图3-86

二、其他内容的补充

由于招聘内容比较单一，可以插入图片，使招聘信息一目了然。具体操作步骤如下。

01 打开文档"招聘"，切换至"插入"选项卡，单击功能区中"图片"扩展按钮，在弹出的下拉菜单中选择"来自文件"命令，如图3-87所示。

图3-87

02 弹出"插入图片"对话框，在左侧选择"计算机"选项，在右侧选择素材图片"素材1.png"，单击"打开"按钮，如图3-88所示。

图3-88

03 返回WPS文字，可以看到选中的素材图片已经插入文档中，如图3-89所示。

04 此时可以发现插入的图片有底纹，无法很好地与单页契合，所以应该将底纹删除。切换至"图片工具"选项卡，单击功能区中的"设置透明色"按钮，如图3-90所示。

图3-89

图3-90

05 此时，鼠标指针变成吸管形状，将鼠标指针移动到图片的底纹处，单击即可将底纹删除，如图3-91所示。

图3-91

06 插入图片后，同样需要先调整图片的环绕方式，然后调整图片的位置。选中图片，切换至"图片工具"选项卡，单击功能区中的"环绕"按钮，在弹出的下拉菜单中选择"衬于文字下方"命令，如图3-92所示。

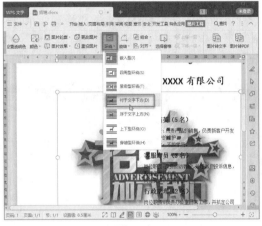

图3-92

07 将图片移动至页面中的合适位置，调整大小，如图3-93所示。

图3-93

至此单页设计完成。

3.3　艺术字的应用

为了突出显示文档的部分内容，常常会插入艺术字，艺术字能为文档增光添彩。下面介绍艺术字的插入、编辑和特殊效果设置的操作方法。

3.3.1 艺术字的插入

艺术字越来越受欢迎，被广泛应用于宣传、广告、商标、图片等。插入艺术字的具体操作步骤如下。

01 在WPS文字中新建"文字文稿2"，切换至"页面布局"选项卡，单击"纸张方向"扩展按钮，选择"横向"命令，如图3-94所示。

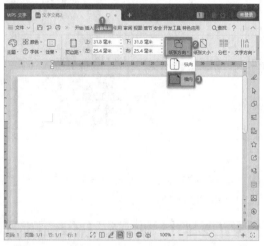

图3-94

02 单击"页面边框"按钮，如图3-95所示。

图3-95

03 弹出"边框和底纹"对话框，切换至"页面边框"选项卡，选择"方框"选项，单击"艺术型"下拉按钮，在下拉列表中选择合适的边框选项并在"应用于"下拉列表

中选择"整篇文档"，单击"确定"按钮即可，如图3-96所示。

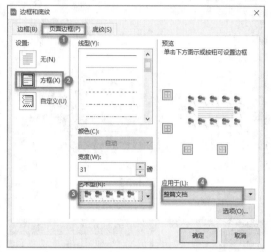

图3-96

04 切换至"插入"选项卡，单击功能区中"图片"扩展按钮，在弹出的下拉菜单中选择"来自文件"命令，如图3-97所示。

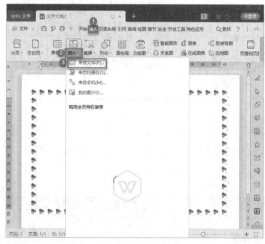

图3-97

05 弹出"插入图片"对话框，在左侧选择"WPS"选项，在右侧选择素材图片"六一背景图.jpg"，单击"打开"按钮，如图3-98所示。

06 返回WPS文字，可以看到选中的素材图片已经插入文档。插入图片后，同样需要先调整图片的环绕方式，然后调整图片的位置。选中图片，切换至"图片工具"选项卡，单击功能区中的"环绕"按钮，在弹出的下拉菜单中选择"衬于文字下方"命令，如图3-99所示。

图3-98

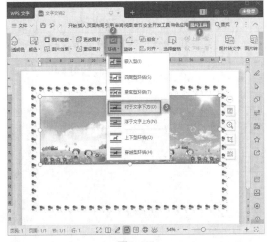

图3-99

07　将图片移动至页面中的合适位置，调整图片大小，如图3-100所示。

图3-100

08　切换至"插入"选项卡，单击功能区中"艺术字"扩展按钮，在弹出的下拉菜单中选择合适的命令，这里选择"填充-矢车菊蓝，着色1，阴影"，如图3-101所示。

图3-101

09　在文档页面中出现一个"请在此放置您的文字"虚线框，如图3-102所示。

图3-102

10　在虚线框中输入"六一儿童节快乐！"，单击"字体"组的对话框启动器按钮，如图3-103所示。

11　弹出"字体"对话框，设置字体为宋体、加粗、60，如图3-104所示。

12　将虚线框拖至合适的位置，如图3-105所示。

图3-103

图3-104

图3-105

3.3.2 艺术字的编辑

插入艺术字后，如果对默认的字体颜色或字体轮廓不满意，可以根据需求对艺术字的颜色和轮廓进行更改，具体操作步骤如下。

01 选中文本，切换至"文本工具"选项卡，单击"文本填充"扩展按钮，在弹出的下拉菜单中选择合适的一种颜色即可。如果对列表中的颜色不满意，还可以选择"其他字体颜色"命令，如图3-106所示。

图3-106

02 若选择"其他字体颜色"命令，则弹出"颜色"对话框，切换至"自定义"选项卡，设置"六一"和"儿童节"的颜色分别如图3-107和图3-108所示。

03 返回WPS文字，艺术字的颜色发生变化，如图3-109所示。

04 选中"快乐"，切换至"文本工具"选项卡，单击"文本轮廓"扩展按钮，在弹出的下拉菜单中选择合适的一种颜色即可。如果对列表中的颜色不满意，还可以选择"其他轮廓颜色"命令，这里选择"红色"，如图3-110所示。

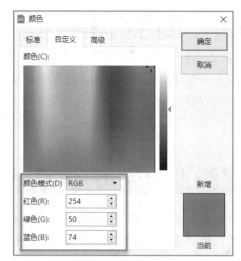

图3-107

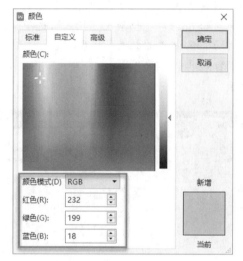

图3-108

图3-109

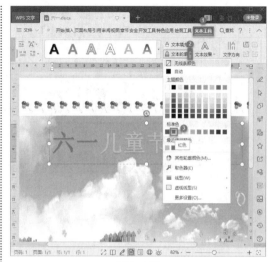

图3-110

此时所有的艺术字编辑完成，如图3-111
所示。

图3-111

3.3.3　艺术字特殊效果的设置

为了让插入的艺术字更美观，用户还可
以设置其他特殊效果，如阴影、倒影、发光等，
具体操作步骤如下。

01　选中艺术字"六一"，切换至"文本工
具"选项卡，单击"文本效果"按钮，如图
3-112所示。

02　在弹出的下拉菜单中选择"发光"命
令，并在子菜单中选择"浅绿，11pt发光，
着色6"命令，如图3-113所示。

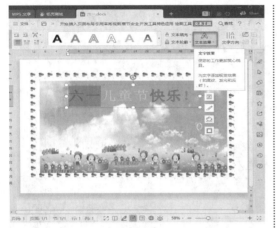

图3-112

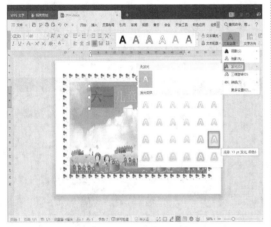

图3-113

至此艺术字"六一儿童节快乐！"的插入、编辑和特殊效果设置都已经完成，如图3-114所示。

图3-114

3.4 高手过招

为了保证实验室的安全，避免意外的发生，实验室需要制定并实施相应的安全条例。下面以制作实验室安全须知条例为例讲解相关操作。

3.4.1 设计条例标题

在制作条例之前，需要设置"实验室安全管理条例须知"的标题。设置标题的具体操作步骤如下。

01 新建文档，并保存为"实验室安全管理条例须知.docx"，切换至"插入"选项卡，单击功能区中"文本框"扩展按钮，在弹出的下拉菜单中选择"横向"命令，如图3-115所示。

图3-115

02 插入一个横向文本框并输入相应的文本，如图3-116所示。

03 选中该文本框，切换至"开始"选项卡，在功能区的"字体"下拉列表中选择"微软雅黑"选项，在"字号"下拉列表中选择"小初"选项，单击"加粗"按钮、"居中对齐"按钮，如图3-117所示。

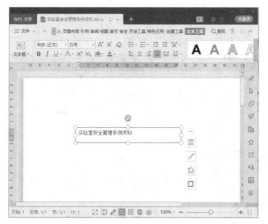

图3-116

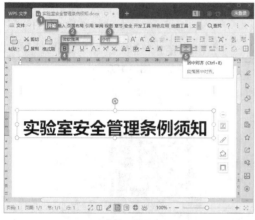

图3-117

04 系统默认的字体颜色通常为黑色，可以对其进行调整。选中文本档，单击"字体颜色"扩展按钮，在弹出的下拉菜单中选择"红色"命令，如图3-118所示。

图3-118

05 选中文本框，切换至"绘图工具"选项卡，单击功能区中"轮廓"扩展按钮，在弹出的下拉菜单中选择"无线条颜色"命令，如图3-119所示。

图3-119

此时文本框的线条已无颜色，如图3-120所示。

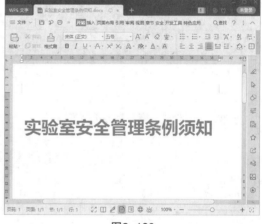

图3-120

3.4.2 插入直线与形状

为了区分标题与下方内容，可以在标题的下方插入直线与形状。

一、插入直线

插入直线的具体操作步骤如下。

① 打开文档"实验室安全管理条例须知"，切换至"插入"选项卡，在功能区中单击"形状"按钮，在弹出的下拉菜单中选择"线条"下的"直线"命令，如图3-121所示。

图3-121

② 返回WPS文字，此时，鼠标指针变成"+"形状，按住"Shift"键不放，拖动鼠标指针即可绘制一条直线，如图3-122所示。

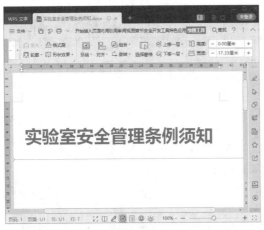

图3-122

③ 如果对直线样式不满意，可以对直线进行设置。选中直线，切换至"绘图工具"选项卡，单击功能区中"轮廓"扩展按钮，在弹出的下拉菜单中选择"其他轮廓颜色"命令，如图3-123所示。

④ 弹出"颜色"对话框，切换至"自定义"选项卡，在"颜色模式"下拉列表中选择"RGB"选项，然后分别在"红色""绿色""蓝色"微

调框内输入数值"145""145""145"，单击"确定"按钮，如图3-124所示。

图3-123

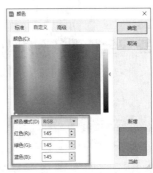

图3-124

⑤ 单击功能区中"轮廓"扩展按钮，在弹出的下拉菜单中选择"线型"命令，然后在子菜单中选择"2.25磅"命令，如图3-125所示。

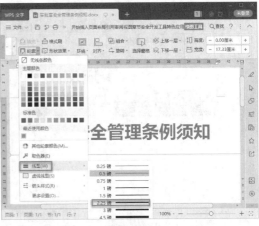

图3-125

二、插入形状

为使整体页面不单调，可以在直线下方插入一个四边形，具体的操作步骤如下。

01　打开文档"实验室安全管理条例须知"，切换至"插入"选项卡，单击功能区中的"形状"按钮，在弹出的下拉菜单中选择"基本形状"下的"平行四边形"命令，如图3-126所示。

图3-126

02　返回WPS文字，此时，鼠标指针变成"+"形状，按住鼠标左键不放并拖动鼠标指针，即可绘制一个平行四边形，如图3-127所示。

图3-127

03　选中该平行四边形，切换至"绘图工具"选项卡，在功能区中"高度"和"宽度"微调框内分别输入"0.61厘米"和"23.47厘米"，如图3-128所示。

图3-128

04　选中该平行四边形，调整其填充颜色，使其与直线颜色一致，将其轮廓设置为无线条颜色。单击"填充"扩展按钮，在弹出的下拉菜单中选择"其他填充颜色"命令，如图3-129所示。

图3-129

05　弹出"颜色"对话框，切换至"自定义"选项卡，在"颜色模式"下拉列表中选择"RGB"选项，然后分别在"红色""绿色""蓝色"微调框内输入数值"145""145""145"，单击"确定"按钮，如图3-130所示。

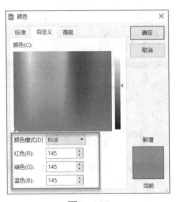

图3-130

06 也可以对平行四边形进行垂直翻转。切换至"绘图工具"选项卡,单击功能区中的"旋转"按钮,在弹出的下拉菜单中选择"垂直翻转"命令,如图3-131所示。

图3-131

此时直线和形状绘制完成,如图3-132所示。

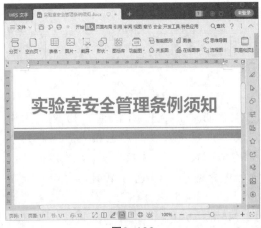

图3-132

3.4.3 绘制内容

接下来填写实验室安全管理条例的内容,需要插入形状、图片与文字。

一、插入形状

首先插入一个形状作为底图,插入形状的具体操作步骤如下。

01 打开文档"实验室安全管理条例须知",切换至"插入"选项卡,单击功能区中的"形状"按钮,在弹出的下拉菜单中选择"矩形"下的"矩形"命令,如图3-133所示。

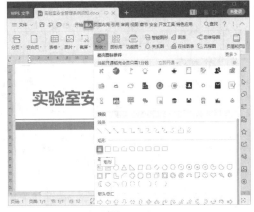

图3-133

02 此时,鼠标指针变成"+"形状,按住鼠标左键不放并拖动鼠标指针,即可绘制一个矩形。选中矩形,切换至"绘图工具"选项卡,然后在"高度"和"宽度"微调框中输入"3.00厘米",如图3-134所示。

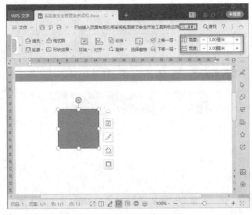

图3-134

03 单击功能区中"填充"扩展按钮，在弹出的下拉菜单中选择"无填充颜色"命令，如图3-135所示。

图3-135

04 单击功能区中"轮廓"扩展按钮，在弹出的下拉菜单中选择"标准色"下的"红色"命令，如图3-136所示。

图3-136

05 再次单击"轮廓"扩展按钮，在弹出的下拉菜单中选择"线型"命令，在子菜单中选择"1.5磅"命令，如图3-137所示。

06 单击功能区中的"形状效果"按钮，在弹出的下拉菜单中选择"阴影"命令，在子菜单中选择"外部"下的"右下斜偏移"命

令，如图3-138所示。

图3-137

图3-138

07 返回WPS文字，效果如图3-139所示。

图3-139

二、插入图片

01 打开文档"实验室安全管理条例须知",切换至"插入"选项卡,然后在功能区中单击"图片"按钮,如图3-140所示。

图3-140

02 弹出"插入图片"对话框,在左侧选择"WPS"文件夹,然后在右侧选择合适的图片,单击"打开"按钮,如图3-141所示。

图3-141

03 此时图片已经插入文档。选中该图片,切换至"图片工具"选项卡,单击功能区的"环绕"按钮,然后在弹出的下拉菜单中选择"衬于文字下方"命令,如图3-142所示。

04 返回WPS文字,调整图片的大小和位置,使图片适合矩形的位置和大小,如图3-143所示。

图3-142

图3-143

05 选中图片和矩形,切换至"绘图工具"选项卡,单击功能区中的"对齐"按钮,在弹出的下拉菜单中选择"水平居中"命令,如图3-144所示。

图3-144

06 选中图片和矩形，切换至"绘图工具"选项卡，单击功能区中的"组合"按钮，在弹出的下拉菜单中选择"组合"命令，如图3-145所示。

图3-145

07 返回WPS文字，效果如图3-146所示。

图3-146

三、插入文本框并输入文字

插入图片后，用户要在图片后附上文字说明，这里可以插入一个红色线条、线型2.25磅、无填充颜色的文本框，具体的操作步骤不再赘述。在文本框中输入相关文字的具体操作步骤如下。

01 打开文档"实验室安全管理条例须知"，插入文本框并输入相应的文本，如图3-147所示。

图3-147

02 选中所有文字，切换至"开始"选项卡，在"字体"下拉列表中选择"微软雅黑"选项，在"字号"下拉列表中选择"四号"选项。并单击"居中对齐"按钮，如图3-148所示。

图3-148

03 系统默认的字体颜色通常为黑色，这里不需要调整颜色，如图3-149所示。

图3-149

04 选中图片和文字，切换至"图片工具"选项卡，单击功能区中的"组合"按钮，在弹出的下拉菜单中选择"组合"命令，如图3-150所示。

图3-150

05 其余部分与"禁止吸烟"部分类似，用户可以通过同样的方法将文本框文字插入。文档，这里不再赘述，最终效果如图3-151所示。

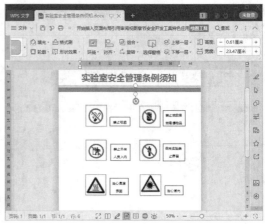

图3-151

第 / 4 / 章

WPS 文字表格的应用

在日常办公中，制作请假条、值班表、费用清单、购物计划等文档时，常常需要用到文字的表格功能。WPS文字表格的应用包括表格的创建、表格的基本操作、表格的美化、表格与文本之间的转化以及在表格中实现简单运算等。

第3章着重对WPS文字的美化操作进行详细讲解，包括图形的绘制与编辑、图片与文本框的应用及艺术字的应用等。本章将通过制作转账单和员工成绩统计表来重点对表格的创建、表格的基本操作、表格的美化、文本与表格的转化以及在表格中实现简单运算等进行逐一介绍。

4.1 WPS 文字表格的创建

WPS 文字创建表格的方法有很多种，用户可以通过命令插入固定行 / 列的表格、绘制表格或是插入内容型表格等。在插入表格后用户可以进行一系列操作，包括在表格中插入或是删除行或列、插入或删除单元格以及删除整个表格等。

4.1.1 插入与删除表格

在 WPS 文字中，用户可以根据操作需求使用不同的方式插入表格，也可以将插入的表格删除，下面分别进行介绍。

一、插入表格

1. 常规法插入表格

常规法插入表格的具体操作步骤如下。
方法 1：
打开文档，切换至"插入"选项卡，单击功能区中"表格"按钮，在弹出的下拉菜单中可以选择8行17列以内的表格，如图4-1所示。

图4-1

方法2：

01 打开文档，切换至"插入"选项卡，单击功能区中"表格"扩展按钮，在弹出的下拉菜单中选择"插入表格"命令，弹出"插入表格"对话框，在"表格尺寸"选项组中的"列数"微调框中输入"5"，在"行数"微调框中输入"2"，然后在"列宽选择"选项组中选中"自动列宽"前的单选按钮，设置完毕后单击"确定"按钮即可，如图4-2和图4-3所示。

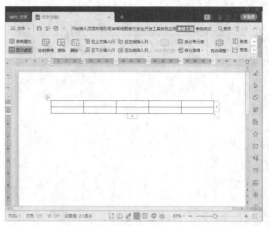

图4-4

图4-2

图4-3

02 此时系统将自动插入设置好的表格，根据需求输入表格内容即可，如图4-4所示。

2. 绘制表格

除了上面常规的插入表格的方法外，用户还可以绘制表格，具体操作步骤如下。

01 打开文档，切换至"插入"选项卡，单击功能区中"表格"按钮，在弹出的下拉菜单中选择"绘制表格"命令，如图4-5所示。

图4-5

02 此时光标变为笔形状，按住鼠标左键不放并拖动，可以根据需求选择绘制几行几列，这里绘制4行5列，如图4-6所示。

图4-6

03 释放鼠标左键后，就可以在表格添加内容，如图4-7所示。

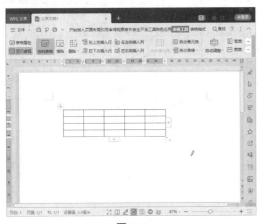

图4-7

3．插入内容型表格

WPS 文字提供了包含多种样式的表格。用户如果需要，可以选择插入内容型表格，这里就不再赘述了。

二、删除表格

如果不需要文档中有表格，可以将当前文档内的表格删除，有几种实现方式。

1．浮动栏工具删除表格

具体操作步骤如下。

01 将光标移至表格上方，在表格左上角会出现选取图标 ⊕，单击该图标可以全选表格，此时会出现浮动工具栏，如图4-8所示。

图4-8

02 单击该工具栏中的"删除"按钮，在弹出的下拉菜单中选择"删除表格"命令即可删除表格，如图4-9所示。

图4-9

2．右键快捷删除表格

具体操作步骤如下。

全选表格并单击鼠标右键，从弹出的快捷菜单中选择"删除表格"命令，即可删除表格，如图4-10所示。

图4-10

3．功能区命令删除表格

具体操作步骤如下。

01 全选表格，切换至"表格工具"选项卡，单击功能区中"删除"按钮，如图4-11所示。

图4-11

⓶ 在弹出的下拉菜单中选择"表格"命令，即可删除表格，如图4-12所示。

图4-12

4.1.2 插入 / 删除表格的行 / 列

插入表格后，在编辑表格的内容时经常遇到需要插入行 / 列或删除行 / 列的操作。下面分别介绍其操作方式。

一、插入行 / 列

具体操作方式如下。

⓵ 打开文档"员工培训成绩统计表"，将光标定位于表格的单元格内，切换至"表格工具"选项卡，单击功能区中"在上方插入行"按钮，即可在所选单元格上方插入一

行，如图4-13所示。

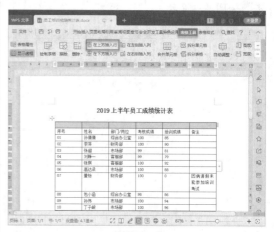

图4-13

⓶ 若单击"在左侧插入列"按钮，即可在所选单元格左侧插入一列，如图4-14所示。

图4-14

⓷ 以同样的方法可在所选单元格的下方插入一行或右侧插入一列。

二、删除行 / 列

具体操作步骤如下。

⓵ 选中单元格后，切换至"表格工具"选项卡，单击功能区中的"删除"按钮，在弹出的下拉菜单中选择"行"命令即可删除单元格所在的行，如图4-15所示。

⓶ 若在弹出的下拉菜单中选择"列"命令即可删除单元格所在的列，如图4-16所示。

图4-15

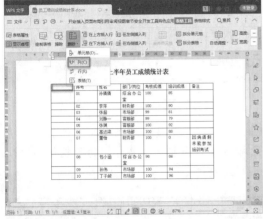

图4-16

4.1.3　插入 / 删除单元格

如果要在表格内插入 / 删除单元格，操作方法也很简单。

一、插入单元格

具体操作步骤如下。

01　打开文档"员工培训成绩统计表"，将光标定位在某一单元格内，切换至"表格工具"选项卡，单击功能区中"插入单元格"组的对话框启动器按钮，如图4-17所示。

02　在弹出的"插入单元格"对话框中，选中合适的单选按钮，这里选中"活动单元格右移"前的单选按钮，单击"确定"按钮即可，如图4-18所示。

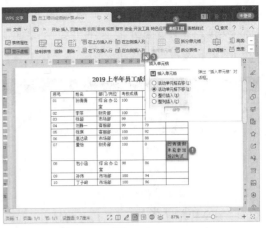

图4-17

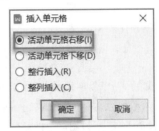

图4-18

03　此时在被选中的单元格左侧会新增一个空白单元格，如图4-19所示。

图4-19

二、删除单元格

具体操作步骤如下。

01　打开文档"员工培训成绩统计表"，将光标定位在需要删除的单元格内，切换至

"表格工具"选项卡，单击功能区中"删除"按钮，在弹出的下拉菜单中选择"单元格"命令，如图4-20所示。

图4-20

02 在弹出的"删除单元格"对话框中，选中"右侧单元格左移"前的单选按钮，单击"确定"按钮即可，如图4-21所示。

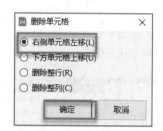

图4-21

03 此时光标所在的单元格已经被删除，如图4-22所示。

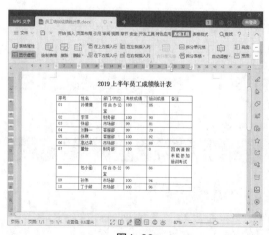

图4-22

4.2 WPS文字表格的基本操作

创建表格后，用户可以根据需求对表格的行高/列宽或者单元格的大小进行编辑。本节将对行高/列宽的调整、单元格大小的调整、合并/拆分单元格/表格等操作进行介绍。

4.2.1 调整行高/列宽

在编辑表格内容时，为了使表格中的内容布局更加美观，可以对表格进行行高和列宽的调整。

一、设置行高/列宽

1. 设置行高

01 打开文档"员工培训成绩统计表"，将鼠标指针移至需要调整行高的行左侧空白处并单击选中该行，如图4-23所示。

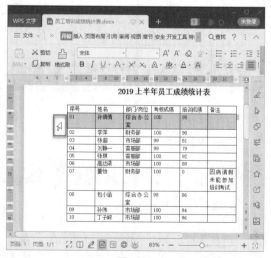

图4-23

02 切换至"表格工具"选项卡，在"表格属性"组的"高度"数值框中设置合适的行高值，这里为"2厘米"，如图4-24所示。

03 此时被选中行的行高已发生变化，如图4-25所示。

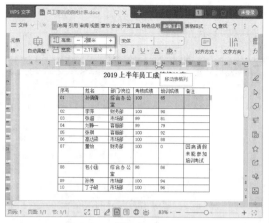

图4-24

图4-25

2．设置列宽

01 将光标移至需要调整列宽的列的最上方，当光标变为黑色向下箭头时，单击选中该列，如图4-26所示。

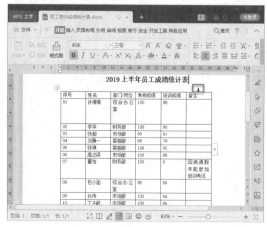

图4-26

02 切换至"表格工具"选项卡，在"表格属性"组的"宽度"数值框中设置合适的列宽值，这里为"3厘米"，如图4-27所示。

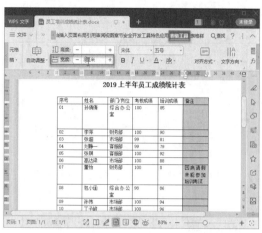

图4-27

03 此时被选中列的列宽已发生变化，如图4-28所示。

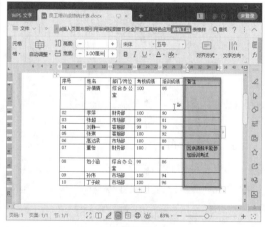

图4-28

二、平均分布行高／列宽

把多行／多列的间距调整为相同值的具体操作步骤如下。

1．平均分布行高

01 选中表格中的多行后，切换至"表格工具"选项卡，单击功能区中"自动调整"按钮，在弹出的下拉菜单中选择"平均分布行高"命令，如图4-29所示。

图4-29

02 此时被选中的行的行高已平均分布，如图4-30所示。

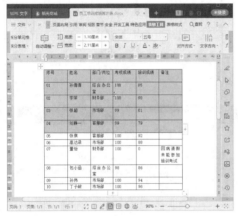

图4-30

2．平均分布列宽

01 选中表格内的多列后，切换至"表格工具"选项卡，单击功能区中"自动调整"按钮，选择"平均分布各列"命令，如图4-31所示。

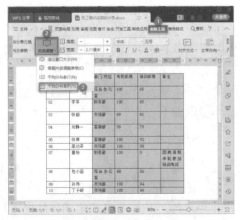

图4-31

02 此时被选中的列的列宽已平均分布，如图4-32所示。

图4-32

4.2.2 调整单元格的大小

在表格中输入文字后，常常对某一单元格大小进行调整，具体操作步骤如下。

01 打开文档"转账单"，选中要调整大小的单元格，切换至"表格工具"选项卡，在"表格属性"组的"高度"和"宽度"数值框内设置合适的单元格大小值，这里分别输入"2厘米"和"2厘米"，如图4-33所示。

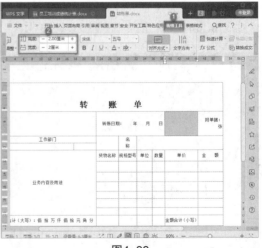

图4-33

02 设置完成后，所选单元格的大小已发生变化，如图4-34所示。

图4-34

4.2.3 拆分 / 合并单元格

插入表格后，如需要对表格的单一项进行分类说明，可以拆分单元格，如需对多项进行合并说明，可以合并单元格。

一、拆分单元格

具体操作步骤如下。

01 选中需要拆分的单元格，切换至"表格工具"选项卡，单击功能区中"拆分单元格"按钮，如图4-35所示。

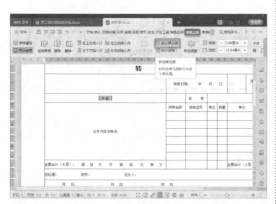

图4-35

02 弹出"拆分单元格"对话框，在"列数"和"行数"微调框中设置合适的列、行值，这里都输入"2"，单击"确定"按钮，如图4-36所示。

图4-36

03 此时被选中的单元格已进行相应的拆分，如图4-37所示。

图4-37

二、合并单元格

具体操作步骤如下。

01 选中需要合并的单元格，切换至"表格工具"选项卡，单击功能区中"合并单元格"按钮，如图4-38所示。

图4-38

02 此时被选中的单元格已完成合并，如图4-39所示。

图4-39

4.2.4 拆分 / 合并表格

如果想要把包含大量数据的报表快速拆分为多个表格，可以直接拆分表格，反之可以合并表格。

一、拆分表格

具体操作步骤如下。

01 将光标定位于需要拆分的表格开始处，切换至"表格工具"选项卡，单击功能区中"拆分表格"按钮，在弹出的下拉菜单中选择"按行拆分"命令，如图4-40所示。

图4-40

02 此时表格已被拆分成两个表格，如图4-41所示。按照同样的方法可以拆分多个表格。

二、合并表格

具体操作步骤如下。

将光标定位于两个表格之间的空白位置，按"Delete"键删除空格，即可将两个表格合并，如图4-42所示。

图4-41

图4-42

4.3 WPS 文字表格的美化

表格制作完成后，用户可以根据需求对其进行美化操作，如设置对齐方式、为表格添加边框、为表格添加底纹等。

4.3.1 设置对齐方式

当表格中含有大量数据和文本时，为了让表格看上去美观、整洁，常常设置对齐方式，其具体操作步骤如下。

01 打开文档"员工培训成绩统计表"，选

中需要设置对齐方式的文本或数据，切换至
"表格工具"选项卡，单击功能区中"对齐
方式"扩展按钮，在弹出的下拉菜单中选择
"水平居中"命令，如图4-43所示。

图4-43

02 此时所选单元格的文本或数据已水平居
中，如图4-44所示。

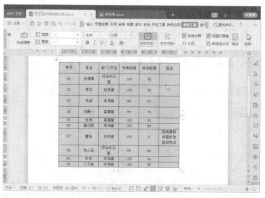

图4-44

4.3.2　为表格添加边框

　　精美的表格边框，可以让表格看起来更
加美观，数据更加容易读取，添加边框的具
体操作步骤如下。

01 打开文档"转账单"，选中整个表格，
切换至"表格样式"选项卡，单击功能区中
"边框"扩展按钮，在弹出的下拉菜单中选
择"边框和底纹"命令，如图4-45所示。

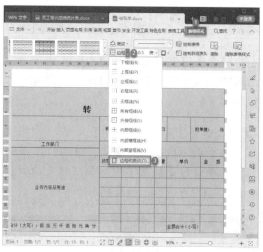

图4-45

02 弹出"边框和底纹"对话框，切换至
"边框"选项卡，选择"方框"，并依次设
置合适的线型、颜色和宽度，设置"应用
于"为"表格"，单击"确定"按钮即可，
如图4-46所示。

图4-46

此时的表格如图 4-47 所示。

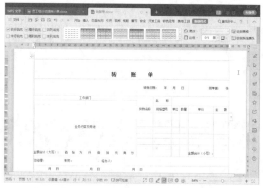

图4-47

4.3.3 为表格添加底纹

对表格中要突出显示的内容，用户可以通过添加表格底纹来突出显示。其具体操作步骤如下。

01 选中需要添加底纹的单元格，切换至"表格样式"选项卡，单击"底纹"扩展按钮，在弹出的下拉菜单中选择"巧克力黄，着色2，浅色40%"，如图4-48所示。

图4-48

02 此时所选单元格已添加底纹，如图4-49所示。

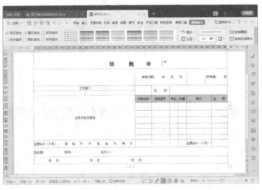

图4-49

4.3.4 内置表格样式

除了可以自定义表格样式外，WPS文字还内置很多表格样式，用户可以根据需求快速选择适合的表格样式美化表格，具体操作步骤如下。

01 打开文档"转账单"，选中整个表格，切换至"表格样式"选项卡，单击"表格样式"组的其他按钮，如图4-50所示。

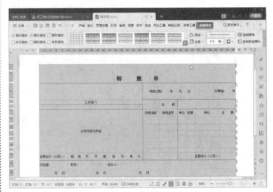

图4-50

02 在展开的列表中选择合适的样式，这里选择"浅色样式1-强调3"，如图4-51所示。

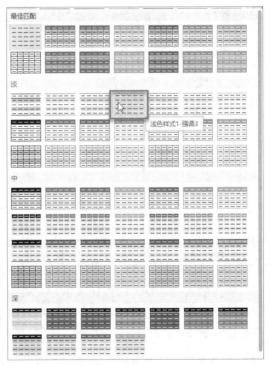

图4-51

当前表格已经成功运用所选样式，如图4-52所示。

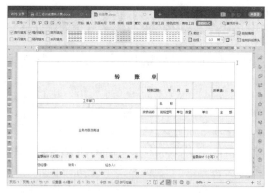

图4-52

4.4 文本与表格的转化

WPS 文字提供了文本转换为表格或表格转换为文本的功能，用户可以快速在两者之间进行转换。

4.4.1 将表格转换成文本

将表格中的数据转换为文本，具体操作步骤如下。

01 打开文档"员工培训成绩统计表"，选中需要转换的表格，切换至"表格工具"选项卡，单击功能区中"转换成文本"按钮，如图4-53所示。

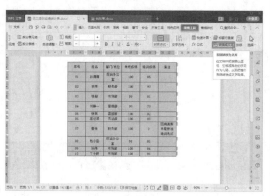

图4-53

02 在弹出的"表格转换成文本"对话框

中，用户可以对文字分隔符进行设置，这里保持默认设置，单击"确定"按钮即可，如图4-54所示。

图4-54

选中的表格已经转换为文本，如图 4-55 所示。

图4-55

4.4.2 将文本转换成表格

将大量的文本转换成表格，不需要插入表格后逐项复制，只需进行"文本转换成表格"操作即可，其具体操作步骤如下。

01 选中需要转换的文本，切换至"插入"选项卡，单击功能区中"表格"按钮，在弹出的下拉菜单中选择"文本转换成表格…"命令即可，如图4-56所示。

02 在弹出的"将文字转换成表格"对话框中，可以设置表格尺寸和文字分隔位置，这里保持默认设置，单击"确定"按钮即可，如图4-57所示。

图4-56

图4-57

03 此时所选的文本已转换成表格，如图4-58所示。

图4-58

4.5 在表格中简单运算

如果需要在表格中进行简单的运算，那么无须通过计算器，使用WPS文字自带的计算功能即可快速实现数据的计算，包括求和及排序等。

4.5.1 数据求和

求和在数据运算中经常会用到，其具体操作步骤如下。

01 打开文档"员工培训成绩统计表"，在"备注"前插入一列，表头命名为"总成绩"，选中需要求和的数据的单元格，切换至"表格工具"选项卡，单击功能区中"快速计算"按钮，在弹出的下拉菜单中选择"求和"命令，如图4-59所示。

图4-59

02 此时需要求和的单元格完成求和，如图4-60所示。

图4-60

4.5.2 数据排序

在WPS文字表格中不但可以进行数据的计算，还可以对数据进行排序，具体操作步骤如下。

01 选中需要排序的数据，切换至"表格工具"选项卡，单击功能区中"排序"按钮，如图4-61所示。

图4-61

02 弹出"排序"对话框，设置"主要关键字"为"列6"、"类型"为"数字"，选中"升序"前的单选按钮，单击"确定"按钮即可，如图4-62所示。

图4-62

03 返回表格，即可看到成绩由低到高进行了排序，如图4-63所示。

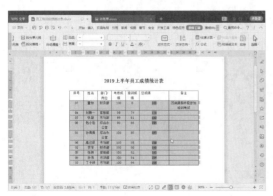

图4-63

04 按照同样的方法也能进行降序操作，这里就不赘述了。

至此 WPS 文字表格的所有操作全部介绍完成。

4.6 高手过招——在 WPS 文字表格中绘制斜线

在日常办公中，经常会在 WPS 文字表格的表头部分画一条、两条或更多的斜线来编辑文本，这些斜线表头的制作步骤如下。

01 将光标移到表头的单元格中，然后单击鼠标右键，在弹出的快捷菜单中选择"边框和底纹"命令，如图4-64所示。

图4-64

02 弹出"边框和底纹"对话框，切换至"边框"选项卡，在"设置"选项组选择"全部"，在"预览"选项组选择右斜线，单击"应用于"下拉按钮，选择"单元格"，单击"确定"按钮即可，如图4-65所示。

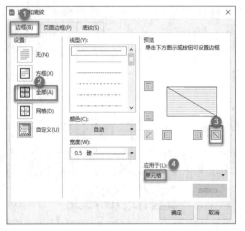

图4-65

03 返回WPS文字，效果如图4-66所示。

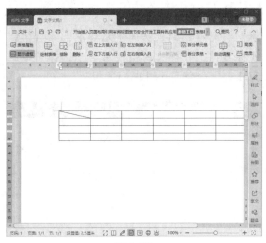

图4-66

04 输入文本，如"姓名班级"，在输入"班级"前按"Enter"键换行，如图4-67所示。

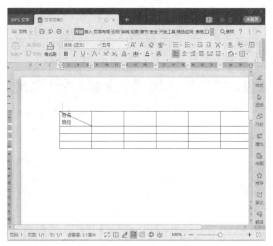

图4-67

05 将光标定位于"姓"前面，按空格键可以调整其位置。表头斜线绘制完成，如图4-68所示。

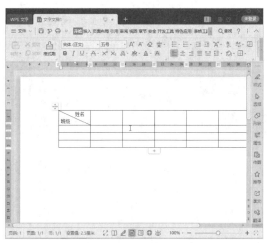

图4-68

第 5 章

WPS 文字的高级排版

WPS文字除了具有强大的文字处理功能外，还支持在文档中插入目录、页眉和页脚、题注、脚注、尾注等。

第4章重点对表格的创建、表格的基本操作、表格的美化、表格与文本的转化以及在表格中实现简单运算的操作进行介绍。本章将通过产品网络营销计划书来着重介绍目录、页眉、页脚、题注、脚注和尾注的制作等。

5.1 产品网络营销计划书

产品网络营销计划书是一份全方位描述产品网络营销的文件。一份完备的营销计划书是企业梳理战略、规划发展、总结经验、挖掘机会、营销产品的案头文件。下面以灯饰产品营销计划书为例，讲解页面设置、使用样式、插入并编辑目录、插入页眉和页脚、插入题注、插入脚注和尾注与设计文档封面的操作。

5.1.1 页面设置

在进行编辑工作之前，需要对页面进行设置，以便真实反映文档的页面效果。页面设置主要有以下几方面内容。

一、设置页边距

页边距通常是指文本内容与页面边缘之间的距离。通过设置页边距，可以使文稿的正文部分与页面边缘保持一个合适的距离。设置页边距的具体操作步骤如下。

方法 1：

01 打开文字文稿"灯饰网络营销计划书"，切换至"页面布局"选项卡，单击功能区中的"页边距"按钮，如图5-1所示。

图5-1

02 在弹出的下拉菜单中选择"适中"命令，如图5-2所示。

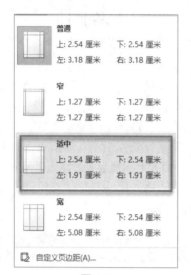

图5-2

03 返回WPS文字，设置效果如图5-3所示。

图5-3

方法2：

01 切换至"页面布局"选项卡，单击功能区中的"页边距"按钮，在弹出的下拉菜单中选择"自定义页边距"命令，如图5-4所示。

02 弹出"页面设置"对话框，切换至"页边距"选项卡，在"页边距"选项组中设置文档的页边距，然后在"方向"选项组中选择"纵向"选项，如图5-5所示。

图5-4

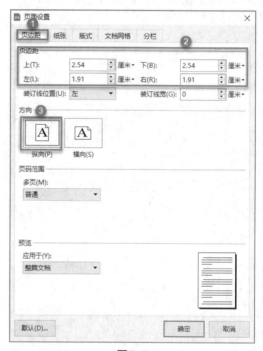

图5-5

03 设置完毕后，单击"确定"按钮即可。

二、设置纸张大小和纸张方向

除了设置页边距以外，用户还可以在WPS文字中非常方便地设置纸张大小和纸张方向。具体操作步骤如下。

方法1：

01 切换至"页面布局"选项卡，单击功能区中的"纸张方向"按钮，在弹出的下拉菜单中选择"纵向"命令，如图5-6所示。

图5-6

02 单击功能区中的"纸张大小"按钮，在弹出的下拉菜单中选择纸张的大小，如选择"A4"命令，如图5-7所示。

图5-7

方法 2：

01 设置纸张方向的操作同方法1，这里不再赘述。

02 用户可以自定义纸张大小。单击功能区中的"纸张大小"按钮，在弹出的下拉菜单中选择"其他页面大小"命令，如图5-8所示。

03 弹出"页面设置"对话框，切换至"纸张"选项卡，设置"纸张大小"为"自定义大小"，然后在"宽度"和"高度"微调框

中设置大小，设置完毕后，单击"确定"按钮即可，如图5-9所示。

图5-8

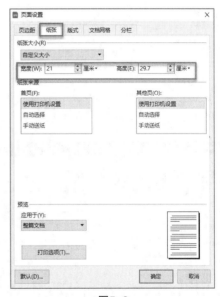

图5-9

三、设置文档网格

在设定了页边距和纸张大小后，页面的基本版式就已经确定，但如果要精确指定文档的每页所占行数以及每行所占字数，则需要设置文档网格。设置文档网格的具体操作步骤如下。

01 切换至"页面布局"选项卡，单击功能区中"页面设置"组的对话框启动器按钮，弹出"页面设置"对话框，切换至"文档网

格"选项卡，在"网格"选项组中选中"指定行和字符网格"前的单选按钮，然后在"字符"和"行"选项组中调整字符数在每行中的数目以及行数在每页中的数目，其他设置保持默认，如图5-10所示。

图5-10

02 设置完毕后，单击"确定"按钮即可返回WPS文字，效果如图5-11所示。

图5-11

5.1.2 使用样式

样式是指一组已经命名的字符和段落格式。在编辑文档的过程中，正确设置和使用样式可以极大地提高工作效率。

一、套用系统内置样式

WPS文字自带了一个样式库，用户既可以套用内置样式设置文档格式，也可以根据需要更改样式。

1. 使用样式库设置

WPS文字提供了一个样式库，用户可以使用里面的样式设置文档格式。

01 打开文字文稿"灯饰网络营销计划书"，选中要使用样式的一级标题文本，切换至"开始"选项卡，单击功能区中"样式和格式"组的其他按钮，如图5-12所示。

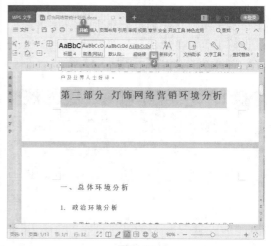

图5-12

02 展开"样式"列表，从中选择合适的样式，如选择"标题1"，如图5-13所示。

图5-13

03 返回WPS文字，一级标题的设置效果如图5-14所示。

04 使用同样的方法，选中要使用样式的二级标题文本，在弹出的"样式"下拉菜单中选择"标题2"，如图5-15所示。

图5-14

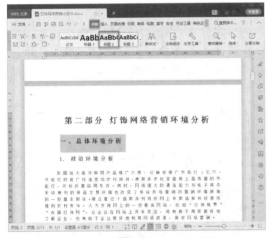

图5-15

05　返回文档，二级标题的设置效果如图5-16所示。

图5-16

2．利用"样式和格式"任务窗格设置

除了利用样式库之外，用户还可以利用"样式和格式"任务窗格应用内置样式，具体的操作步骤如下。

01　选中要使用样式的三级标题文本，切换至"开始"选项卡，单击功能区中"样式和格式"组的对话框启动器按钮，如图5-17所示。

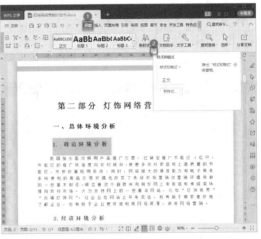

图5-17

02　弹出"样式和格式"任务窗格，然后在"显示"下拉列表中选择"所有样式"选项，如图5-18所示。

图5-18

03　在"请选择要应用的格式"列表框中选择"标题3"选项，如图5-19所示。

04　返回WPS文字，三级标题的设置效果如图5-20所示。

图5-19

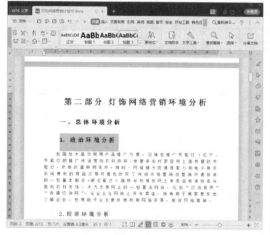

图5-20

使用同样的方法，用户可以设置其他标题格式。

二、自定义样式

除了直接使用样式库中的样式外，用户还可以自定义新的样式或者修改原有样式。

1. 新建样式

在 WPS 文字的空白文档中，用户可以新建一种全新的样式，如新的文本样式、新的表格样式或者新的列表样式等。新建样式的具体操作如下。

01 选中要应用新建样式的图片，切换至"开始"选项卡，然后单击功能区中"新样式"按钮，如图5-21所示。

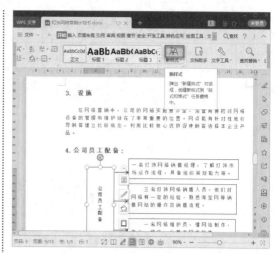

图5-21

02 弹出"新建样式"对话框，在"名称"文本框中输入新样式的名称"图"，在"后续段落样式"下拉列表中选择"图"选项，在"格式"选项组中单击"居中"按钮，继续单击"格式"按钮，如图5-22所示。

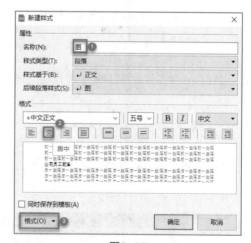

图5-22

03 在弹出的下拉列表中选择"段落"选项，如图5-23所示。

图5-23

04 弹出"段落"对话框，切换至"缩进和间距"选项卡，在"间距"选项组中进行设置，分别在"段前"和"段后"微调框中输入"0.5"，在"行距"下拉列表中选择"最小值"选项，在"设置值"微调框中输入"12"，单击"确定"按钮，如图5-24所示。

图5-24

05 返回"新建样式"对话框，选中"同时保存到模板"前的复选按钮，单击"确定"按钮，如图5-25所示。

图5-25

06 这时WPS文字会弹出提示对话框，提示用户是否更改样式的默认设置，单击"是"按钮，如图5-26所示。

图5-26

07 返回WPS文字，此时新建样式"图"已经显示在样式模板中，如图5-27所示。

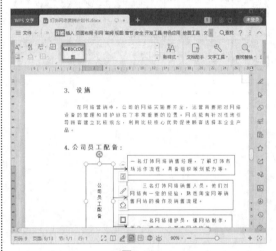

图5-27

08 单击"图"样式，选中的图片会自动应用该样式，如图5-28所示。

图5-28

2. 修改样式

无论是 WPS 文字的内置样式，还是 WPS 文字的自定义样式，用户都可以对其进行修改。在 WPS 文字中修改样式的具体操作步骤如下。

01 将光标定位在正文文本中，切换至"开始"选项卡，单击功能区中"样式和格式"组的对话框启动器按钮，弹出"样式和格式"任务窗格，然后单击"正文"下拉按钮，在弹出的下拉列表中选择"修改"选项，如图5-29所示。

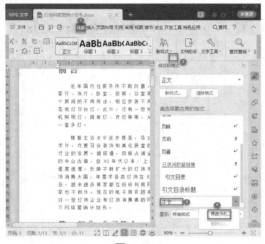

图5-29

02 弹出"修改样式"对话框，其中显示了正文文本的具体样式，如图5-30所示。

图5-30

03 单击"格式"按钮，在弹出的下拉列表中选择"字体"选项，如图5-31所示。

图5-31

04 弹出"字体"对话框，切换至"字体"选项卡，在"中文字体"下拉列表中选择"宋体"选项，其他设置保持不变，单击"确定"按钮，如图5-32所示。

图5-32

05 返回"修改样式"对话框，单击"格式"按钮，在弹出的下拉列表中选择"段落"选项，如图5-33所示。

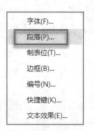

图5-33

06 弹出"段落"对话框，切换至"缩进和间距"选项卡，然后在"缩进"选项组中进行设置，在"特殊格式"下拉列表中选择"首行缩进"选项，在"度量值"微调框中输入"2"，单击"确定"按钮，如图5-34所示。

图5-34

07 返回"修改样式"对话框，修改完成后的所有样式都显示在对话框中，单击"确定"按钮，如图5-35所示。

图5-35

08 返回WPS文字中，此时文档中正文格式的文本以及基于正文格式的文本都自动应用了新的正文样式，如图5-36所示。

图5-36

三、复制样式

样式设置完成后，接下来就可以复制样式。

用户可以使用功能区中的"格式刷"按钮，复制一个文本的样式，然后将其应用到另一个文本。

01 在WPS文字中，选中已经应用了"标题2"样式的二级标题文本，然后切换至"开始"选项卡，单击功能区中的"格式刷"按钮复制选中文本的样式，如图5-37所示。

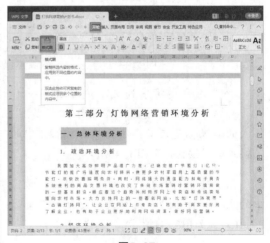

图5-37

02 将鼠标指针移动到文档的编辑区域，此时鼠标指针变成了刷子形状，如图5-38所示。

图5-38

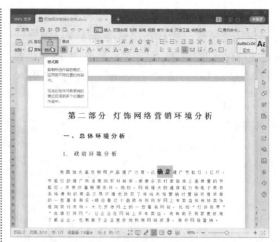

图5-40

03 选中要应用样式的文本，此时该文本就自动应用了格式刷复制的"标题2"样式，如图5-39所示。

图5-39

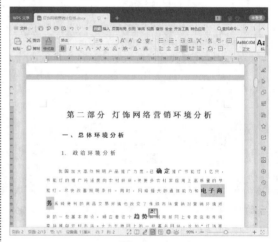

图5-41

04 如果用户要将多处文本刷新成同一样式，那么，要先选中已经应用了"标题2"样式的二级标题文本，然后双击功能区中的"格式刷"按钮，如图5-40所示。

05 依次选中想要应用该样式的文本，被选中的文本都会自动应用格式刷复制的"标题2"样式，如图5-41所示。

06 样式复制完毕，单击功能区中的"格式刷"按钮，退出复制状态，如图5-42所示。

图5-42

使用同样的方法，用户可以复制其他的样式。

5.1.3　插入并编辑目录

文档编写完成后，一般会为文档添加目录，便于阅读及章节的快速定位，具体操作步骤如下。

一、插入目录

生成目录之前，要先根据文本的标题样式设置大纲级别，大纲级别设置完毕即可在文档中插入目录。

1．设置大纲级别

WPS 文字是使用层次结构来组织文档的，大纲级别就是段落所处层次的级别编号。WPS 文字提供的内置标题样式中的大纲级别都是默认设置的，用户可以直接生成目录。当然，用户也可以自定义大纲级别，如分别将标题 1 和标题 2 设置成 1 级和 2 级。设置大纲级别的具体操作步骤如下。

01　打开文字文稿"灯饰网络营销计划书"，选中一级标题文本，切换至"开始"选项卡，单击功能区中"样式和格式"组的对话框启动器按钮，弹出"样式和格式"任务窗格，在样式列表框中选择"标题1"，然后单击鼠标右键，在弹出的快捷菜单中选择"修改"命令，如图5-43所示。

图5-43

02　弹出"修改样式"对话框，然后单击"格式"按钮，如图5-44所示。

图5-44

03　在弹出的下拉列表中选择"段落"选项，如图5-45所示。

图5-45

04　弹出"段落"对话框，切换至"缩进和间距"选项卡，在"常规"选项组中的"大纲级别"下拉列表中选择"1级"选项，然后单击"确定"按钮，如图5-46所示。

图5-46

05 返回"修改样式"对话框，单击"确定"按钮，返回WPS文字即可。使用同样的方法，将"标题2"的大纲级别设置为"2级"，"标题3"的大纲级别设置为"3级"。

2. 生成目录

大纲级别设置完毕，接下来就可以生成目录。生成目录的具体操作步骤如下。

01 将光标定位至文档中第一行的行首，切换至"引用"选项卡，单击功能区中的"目录"按钮，如图5-47所示。

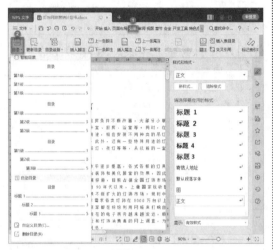

图5-47

02 在弹出的下拉菜单选择"第1级/第2级/第3级"命令，如图5-48所示。

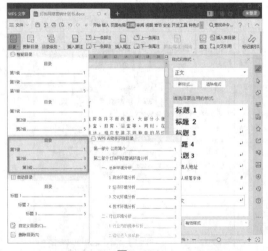

图5-48

03 返回WPS文字，在光标所在位置自动生成了一个目录，效果如图5-49所示。

图5-49

二、修改目录

如果用户对插入的目录字体不是很满意，还可以修改目录或自定义个性化的目录。修改目录字体的具体操作步骤如下。

方法1：

01 切换至"开始"选项卡，单击功能区中"样式和格式"组的对话框启动器按钮，弹出"样式和格式"任务窗格，在样式列表框中选择"WPSOffice手动目录1"选项，然后单击鼠标右键，在弹出的快捷菜单中选择"修改"命令，如图5-50所示。

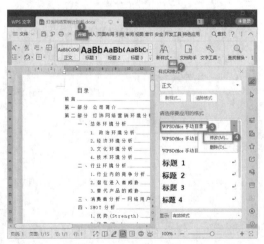

图5-50

02 弹出"修改样式"对话框，用户可以在"格式"选项组中进行设置，在字体下拉列表中选择"微软雅黑"选项，在字号下拉列表中选择"四号"选项，然后单击加粗按钮，单击"确定"按钮，如图5-51所示。

图5-51

03 以同样的方法可以将"手动目录2"的字号设置为"小四"，将"手动目录3"的字号设置为"五号"，其他设置与"手动目录1"一样，最终效果如图5-52所示。

图5-52

方法2：
　　用户还可以直接在生成的目录中对目录的字体格式和段落格式进行设置，这里不再赘述。

三、更新目录

　　在编辑或修改文档的过程中，如果文档内容或格式发生了变化，则需要更新目录。更新目录的具体操作如下。

01 将文档中一个一级标题文本"第一部分 公司简介"改为"第1部分 公司简介"，如图5-53所示。

图5-53

02 切换至"引用"选项卡，单击功能区中的"更新目录"按钮，如图5-54所示。

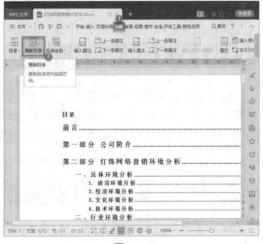

图5-54

03 弹出"更新目录"对话框，单击"确定"按钮，如图5-55所示。

04 返回WPS文字，效果如图5-56所示。

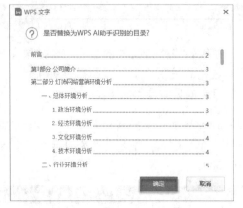

图5-55

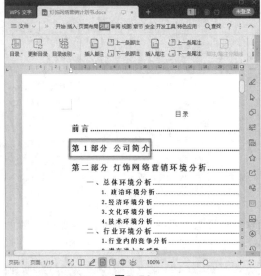

图5-56

5.1.4 插入页眉和页脚

文档核心内容编写完成后，为了使其显得更加专业、完善，通常需要设置页眉、页脚等修饰性元素，修饰性元素不仅包括纯文本，还支持插入图片，具体操作步骤如下。

一、插入分隔符

当文本或图形等内容填满一页时，WPS文字会自动插入一个分页符并开始新的一页。另外，用户还可以根据需要强制分页或分节。

1. 插入分节符

分节符是指为表示节的结尾插入的标记。

分节符起着分隔其前面文本格式的作用，如果删除了某个分节符，它前面的文字会合并到后面的节中，并且采用后面节的格式。在WPS文字中插入分节符的具体操作步骤如下。

01 打开文字文稿"灯饰网络营销计划书"，将光标定位在一级标题"前言"的行首。切换至"页面布局"选项卡，单击功能区中的"分隔符"按钮，在弹出的下拉菜单中选择"下一页分节符"命令，如图5-57所示。

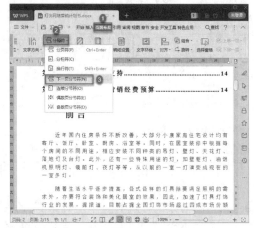

图5-57

02 此时在文档中插入了一个分节符，光标之后的文本自动切换到下一页。如果用户看不到分节符，可以切换至"开始"选项卡，单击功能区中的"显示/隐藏编辑标记"按钮，在弹出的下拉菜单中选择"显示/隐藏段落标记"命令，使该命令前出现一个勾，如图5-58所示。

图5-58

2．插入分页符

分页符是一种符号，显示在上一页结束以及下一页开始的位置。在文档中插入分页符的具体操作步骤如下。

01 将光标定位在标题"第一部分　公司简介"的行首。切换至"页面布局"选项卡，单击功能区中的"分隔符"按钮，在弹出的下拉菜单中选择"分页符"命令，如图5-59所示。

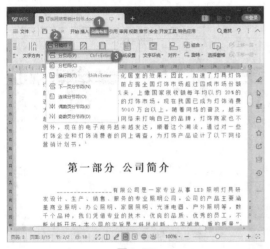

图5-59

02 此时在文档中插入了一个分页符，光标之后的文本自动切换至下一页，如图5-60所示。使用同样的方法，在所有的一级标题前插入分页符即可。

图5-60

03 将光标移动至首页，选中文档目录，然后单击鼠标右键，在弹出的快捷菜单中选择"重新识别目录"命令，如图5-61所示。

图5-61

04 弹出"WPS 文字"对话框，单击"确定"按钮即可，如图5-62所示。

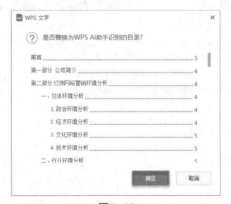

图5-62

二、插入页眉和页脚

页眉和页脚常用于显示文档的附加信息，在页眉和页脚中既可以插入文本，也可以插入示意图。在 WPS 文字中可以快速地插入设置好的页眉和页脚图片，具体的操作步骤如下。

01 在第2节中第1页的页眉或页脚处双击，此时页眉和页脚处于编辑状态，同时激活

"页眉和页脚"选项卡，如图5-63所示。

图5-63

02 切换至"页眉和页脚"选项卡，单击功能区中的"页眉页脚选项"按钮，如图5-64所示。

图5-64

03 弹出"页眉/页脚设置"对话框，在"页面不同设置"下单击选中"奇偶页不同"前的复选按钮，其他复选按钮均不选中，单击"确定"按钮，如图5-65所示。

04 返回WPS文字，切换至"插入"选项卡，单击功能区中的"图片"按钮，如图5-66所示。

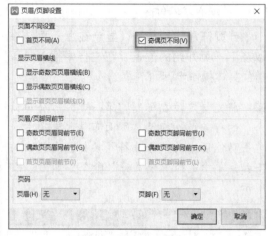

图5-65

图5-66

05 弹出"插入图片"对话框，在左侧选择"WPS"文件夹，在右侧选择需要的素材图片，单击"打开"按钮，如图5-67所示。

图5-67

06 返回WPS文字，可以看到图片已插入文档。选中该图片，切换至"图片工具"选项卡，系统默认选中"锁定纵横比"前的复选按钮，在"宽度"微调框中输入"21厘米"，如图5-68所示。

图5-68

07 单击"大小和位置"组的对话框启动器按钮，如图5-69所示。

图5-69

08 弹出"布局"对话框，切换至"文字环绕"选项卡，在"环绕方式"选项组中选择"衬于文字下方"选项，如图5-70所示。

图5-70

09 切换至"位置"选项卡，在"水平"选项组内选中"绝对位置"前的单选按钮，并在其右侧的微调框内输入"0"，在"右侧"下拉列表中选择"页面"选项，在"垂直"选项组内选中"绝对位置"前的单选按钮，并在其右侧的微调框内输入"0"，在"下侧"下拉列表中选择"页面"选项，如图5-71所示。

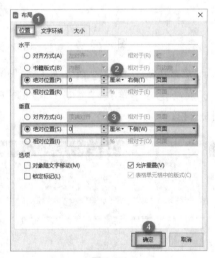

图5-71

10 单击"确定"按钮，返回WPS文字，最终设置效果如图5-72所示。

11 使用同样的方法为第2节偶数页插入页眉和页脚，需要注意的是插入"页眉2.png"图片，如图5-73所示。

图5-72

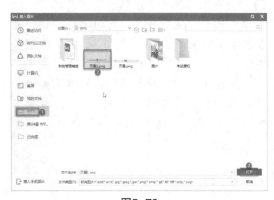

图5-73

12 设置完毕后，切换至"页眉和页脚"选项卡，在功能区中单击"关闭"按钮即可，如图5-74所示。

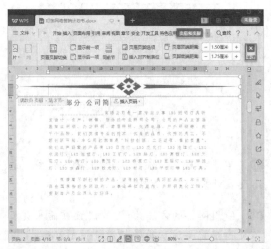

图5-74

13 最终奇数页页眉和页脚的效果如图5-75所示，偶数页页眉和页脚的效果如图5-76所示。

图5-75

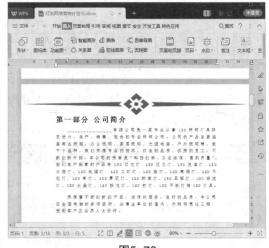

图5-76

三、插入页码

为了使文档便于浏览和打印，用户可以在页脚处插入并编辑页码。

1. 从首页开始插入页码

默认情况下，WPS文字都是从首页开始插入页码的，接下来为目录部分设置罗马数字样式的页眉，具体的操作步骤如下。

01 切换至"插入"选项卡，单击功能区中的"页码"扩展按钮，在弹出的下拉菜单中选择"页码"命令，如图5-77所示。

图5-77

02 弹出"页码"对话框，在"样式"下拉列表中选择"I，II，III..."选项，然后单击"确定"按钮即可，如图5-78所示。

图5-78

03 返回WPS文字，效果如图5-79所示。

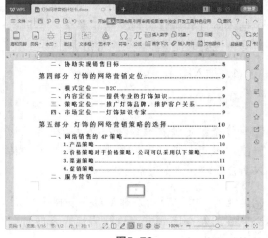

图5-79

2. 从第 N 页开始插入页码

在 WPS 文字中除了可以从首页开始插入页码以外，还可以使用"分节符"功能从指定的第 N 页开始插入页码。接下来从正文（第 2 页）开始插入普通阿拉伯数字样式的页码，具体的操作步骤如下。

切换至"插入"选项卡，单击功能区中的"页码"扩展按钮，选择"页码"命令，弹出"页码"对话框，在"样式"下拉列表中选择"1，2，3..."选项，在"位置"下拉列表中选择"底端外侧"选项，在"页码编号"选项组中选中"起始页码"前的单选按钮，并在其右侧的微调框中输入"2"，在"应用范围"选项组中选中"本页及之后"前的单选按钮，然后单击"确定"按钮即可，如图5-80所示。

图5-80

5.1.5 插入题注、脚注和尾注

在编辑文档的过程中，为了使读者便于阅读和理解文档内容，经常在文档中插入题注、脚注或尾注，用于对文档的对象进行解释说明。

一、插入题注

题注是指出现在图片或表格对象下方的一段简短描述。题注是用简短的话语叙述关于该图片或表格的一些重要信息，如图片与正文的相关之处。

为插入的图片添加题注,不仅可以满足排版需要,而且便于读者阅读。插入题注的具体操作步骤如下。

01 打开文档"灯饰网络营销计划书",选中准备要插入题注的图片,切换至"引用"选项卡,单击功能区中的"题注"按钮,如图5-81所示。

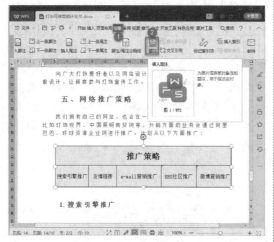

图5-81

02 弹出"题注"对话框,单击"新建标签"按钮,如图5-82所示。

图5-82

03 弹出"新建标签"对话框,在"标签"文本框中输入"图",单击"确定"按钮,如图5-83所示。

图5-83

04 返回"题注"对话框,此时,"题注"文本框内显示"图1","标签"下拉列表中为"图"

选项,"位置"下拉列表中为"所选项目下方"选项,单击"确定"按钮,如图5-84所示。

图5-84

05 返回WPS文字,此时,在选中图片的下方自动显示题注"图1",使用空格键调整其位置即可,如图5-85所示。

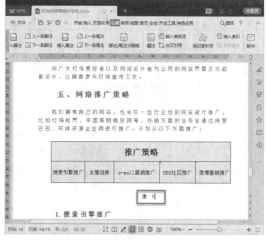

图5-85

二、插入脚注和尾注

除了插入题注以外,用户还可以在文档中插入脚注和尾注,对文档中某个内容进行解释、说明或提供参考资料等对象。

1. 插入脚注

插入脚注的具体步骤如下。

01 将光标定位在准备插入脚注的位置,切换至"引用"选项卡,单击功能区中的"插入脚注"按钮,如图5-86所示。

02 此时,在本页的底部出现一条脚注/尾注分隔线,在分隔线下方输入脚注内容即可,如图5-87所示。

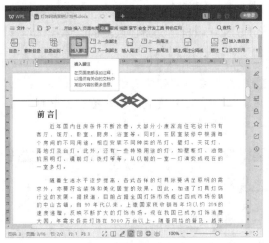

图5-86

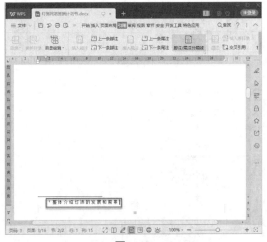

图5-87

03 将光标移动到插入脚注的标识上，可以查看脚注内容，如图5-88所示。

图5-88

2. 插入尾注

插入尾注的具体操作步骤如下。

01 将光标定位在准备插入尾注的位置"网络营销计划书。"后面，切换至"引用"选项卡，单击功能区中的"插入尾注"按钮，如图5-89所示。

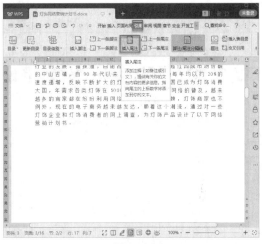

图5-89

02 此时，在文档的结尾出现一条脚注/尾注分隔线，在分隔线下方输入尾注内容即可，如图5-90所示。

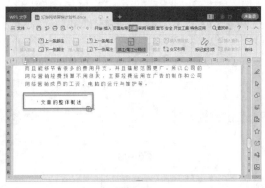

图5-90

03 将光标移动到插入尾注的标识上，可以查看尾注内容，如图5-91所示。

04 如果要删除脚注/尾注分隔线，切换至"引用"选项卡，用户可以看到此时"脚注/尾注分隔线"按钮呈高亮显示，单击该按钮即可删除，如图5-92所示。

图5-91

图5-92

效果如图 5-93 所示。

图5-93

5.1.6 设计文档封面

在 WPS 文字中，通过插入图片和文本框，用户可以快速设计文档封面。

一、自定义封面底图

设计文档封面底图时，用户既可以直接

使用系统内置封面，也可以自定义底图。在 WPS 文字中自定义封面底图的具体操作步骤如下。

01 打开文档"灯饰网络营销计划书"，切换至"章节"选项卡，单击功能区中的"封面页"按钮，如图5-94所示。

图5-94

02 在弹出的下拉菜单中选择"标准型"命令，如图5-95所示。

图5-95

03 此时，文档中插入了一个"标准型"的文档封面，如图5-96所示。

04 使用"Delete"键删除已有的文本框和形状，得到一个封面的空白页。切换至"插入"选项卡，单击功能区中"图片"按钮，如图5-97所示。

图5-96

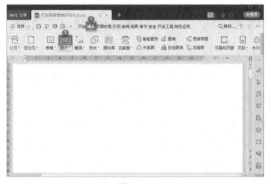

图5-97

05 弹出"插入图片"对话框，在左侧选择"WPS"文件夹，在右侧选择要插入的图片素材，然后单击"打开"按钮，如图5-98所示。

图5-98

06 返回WPS文字，此时，文档中插入了一个封面底图。选中该图片，切换至"图片工具"选项卡，在功能区中选中"锁定纵横比"前的复选按钮，然后在"高度"微调框中输入"29.7厘米"，如图5-99所示。

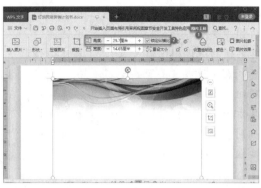

图5-99

07 单击"大小和位置"组的对话框启动器按钮，如图5-100所示。

图5-100

08 弹出"布局"对话框，切换至"文字环绕"选项卡，在"环绕方式"选项组中选择"衬于文字下方"选项，如图5-101所示。

图5-101

09 切换至"位置"选项卡,在"水平"选项组中选中"绝对位置"前的单选按钮,在其右侧的微调框中输入"0",在"右侧"下拉列表中选择"页面"选项,在"垂直"选项组中选中"绝对位置"前的单选按钮,在其右侧的微调框中输入"0",在"下侧"下拉列表中选择"页面"选项,单击"确定"按钮,如图5-102所示。

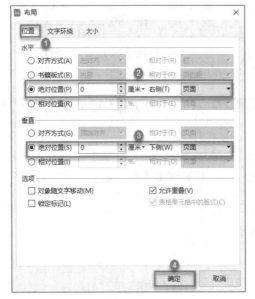

图5-102

10 返回WPS文字,将图片移动至合适的位置,设置效果如图5-103所示。

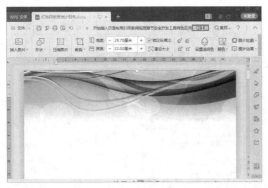

图5-103

11 使用同样的方法在WPS文字中插入一个LOGO,将其设置为"浮于文字上方",设置其大小和位置,设置完毕后效果如图5-104所示。

图5-104

二、设计封面文字

在编辑文档时,经常使用文本框设计封面文字。在WPS文字中使用文本框设计封面文字的具体操作步骤如下。

01 切换至"插入"选项卡,单击功能区中"文本框"扩展按钮,在弹出的下拉菜单中选择"竖向"命令,如图5-105所示。

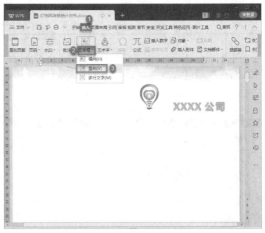

图5-105

02 在文档中插入一个竖向文本框,在文本框中输入"灯饰网络营销计划书",如图5-106所示。

03 选中该文本框,切换至"开始"选项卡,在功能区中"字体"下拉列表中选择"微软雅黑"选项,在"字号"下拉列表中选择"小初"选项,如图5-107所示。

04 切换至"文本工具"选项卡,单击功

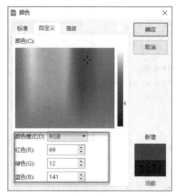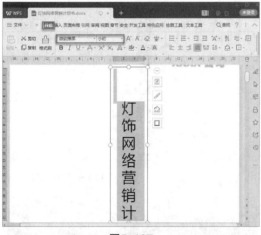

能区中"字体颜色"扩展按钮，在弹出的下拉菜单中选择"其他字体颜色"命令，如图5-108所示。

图5-106

图5-107

图5-108

05 弹出"颜色"对话框，切换至"自定义"选项卡，在"颜色模式"下拉列表中选择"RGB"选项，然后分别在"红色""绿色""蓝色"微调框内输入数值"69""12""141"，单击"确定"按钮，如图5-109所示。

图5-109

06 返回WPS文字，查看效果并单击"加粗"按钮将文字加粗，如图5-110所示。

图5-110

07 切换至"开始"选项卡，单击功能区中"字体"组的对话框启动器按钮，如图5-111所示。

图5-111

08 弹出"字体"对话框,切换至"字符间距"选项卡,在"间距"下拉列表中选择"加宽"选项,在"值"微调框中输入"0.04",单击"确定"按钮如图5-112所示。

图5-112

09 选中该文本框,调整其颜色、大小和位置,效果如图5-113所示。

图5-113

10 使用同样的方法插入并设计编制日期,效果如图5-114所示。

11 封面设置完毕,最终效果如图5-115所示。

图5-114

图5-115

5.2 高手过招——制作员工满意调查表

为了能让员工更好地工作,为了使公司领导层更好地了解每位员工的需求,为了使公司制度更加合理,制作了员工满意调查表。下面讲解 WPS 文字制作员工满意度调查表的相关内容。

5.2.1 设置纸张

在制作满意调查表时，首先需要确定纸张大小。

设置纸张大小的具体操作步骤如下。

01 新建一个空白文档，切换至"页面布局"选项卡，单击功能区中的"纸张大小"按钮，如图5-116所示。

图5-116

02 在"纸张大小"下拉菜单中选择"A4"命令，如图5-117所示。

图5-117

03 返回WPS文字，切换至"插入"选项卡，单击功能区中"图片"按钮，如图5-118所示。

04 弹出"插入图片"对话框，在左侧选择"WPS"文件夹，在右侧选择图片素材，然后单击"打开"按钮即可，如图5-119所示。

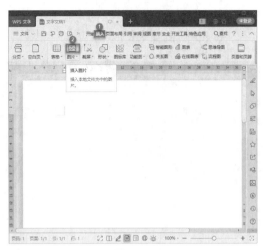

图5-118

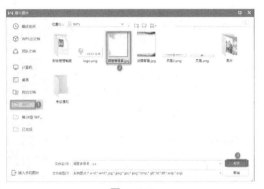

图5-119

05 此时，图片已经插入文档。选中该图片，切换至"图片工具"选项卡，在功能区中取消选中"锁定纵横比"前的复选按钮，在"高度"微调框中输入"29.70厘米"，在"宽度"微调框中输入"21厘米"，如图5-120所示。

图5-120

06 单击"大小和位置"组的对话框启动器按钮，如图5-121所示。

图5-121

07 弹出"布局"对话框，切换至"文字环绕"选项卡，在"环绕方式"选项组中选择"衬于文字下方"选项，如图5-122所示。

图5-122

08 切换至"位置"选项卡，在"水平"选项组中的"绝对位置"后面输入"0"，在"右侧"的下拉列表中选择"页面"选项，在"垂直"选项组中的"绝对位置"后面输入"0"，在"下侧"的下拉列表中选择"页面"选项，单击"确定"按钮，如图5-123所示。

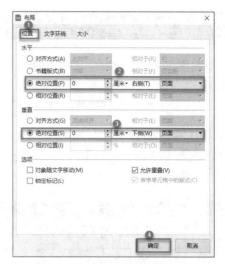

图5-123

09 返回WPS文字，调整图片位置，并保存文档为"员工满意调查表"，如图5-124所示。

图5-124

5.2.2 输入标题和开场白

利用艺术字和文本框来设置调查表标题和开场白。

一、设计调查表标题

在文档中使用艺术字设计调查表标题的具体操作步骤如下。

01 切换至"插入"选项卡，单击功能区中的"艺术字"按钮，如图5-125所示。

图5-125

02　在弹出的艺术字预设样式中选择一种合适的样式，如选择"填充-白色，轮廓-着色2，清晰阴影-着色2"，如图5-126所示。

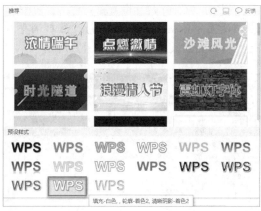

图5-126

03　此时，在文档中插入了一个艺术字文本框，在文本框中输入文本"员工满意调查表"，并将其移动到合适的位置。选中该文本框，切换至"文本工具"选项卡，单击功能区中"字体颜色"扩展按钮，在弹出的下拉菜单中选择"其他字体颜色"命令，如图5-127所示。

04　弹出"颜色"对话框，切换至"自定义"选项卡，在"颜色模式"下拉列表中选择"RGB"选项，然后在"红色""绿色""蓝色"微调框中分别输入"233""224""229"，单击"确定"按钮，如图5-128所示。

图5-127

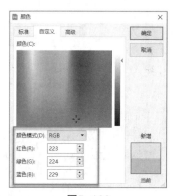

图5-128

05　返回WPS文字，选中该文本框，在"字体"下拉列表中选择"黑体"选项，在"字号"下拉列表中选择"一号"选项，然后单击"加粗"按钮，并调整文本框位置，如图5-129所示。

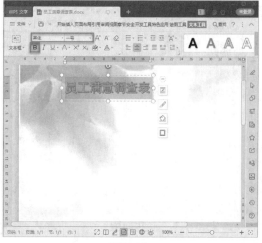

图5-129

二、设计开场白

在文档中使用文本框设计开场白的具体操作步骤如下。

01 切换至"插入"选项卡，在功能区中单击"文本框"扩展按钮，在弹出的下拉菜单中选择"多行文字"命令，如图5-130所示。

图5-130

02 在文本框输入相应的文本，并切换至"绘图工具"选项卡，单击功能区中"填充"扩展按钮，在弹出的下拉菜单中选择"无填充颜色"命令，如图5-131所示。

图5-131

03 单击功能区中"轮廓"扩展按钮，在弹出的下拉菜单中选择"无线条颜色"命令，如图5-132所示。

图5-132

04 设置字体格式和字体颜色，然后调整其大小和位置，最终效果如图5-133所示。

图5-133

5.2.3 插入表格并输入基本信息

在调查表中插入表格，以便输入"性别""部门""职位""工龄"等信息。

插入表格并输入信息的具体操作步骤如下。

01 切换至"插入"选项卡，单击功能区中的"表格"按钮，在弹出的下拉菜单中选择"4行*2列表格"命令，如图5-134所示。

置"颜色"为"黑色"，"宽度"为"1.5磅"，单击"确定"按钮，如图5-137所示。

图5-134

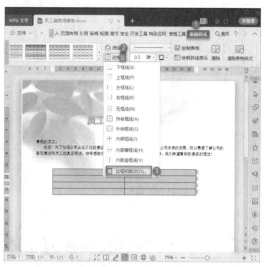

图5-136

02　返回WPS文字，可以看到一个4×2的表格已经插入文档。选中整个表格调整位置，如图5-135所示。

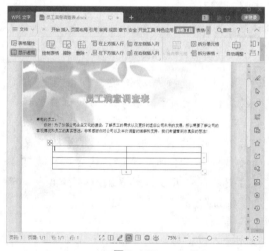

图5-135

03　选中表格，切换至"表格样式"选择卡，在功能区中单击"边框"扩展按钮，在弹出的下拉菜单中选择"边框和底纹"命令，如图5-136所示。

04　弹出"边框和底纹"对话框，切换至"边框"选项卡，在"设置"选项组中选择"全部"选项，在"线型"选项组中设

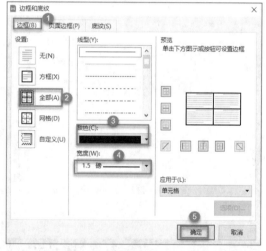

图5-137

05　返回WPS文字，在表格中输入员工的基本信息，将字体设置为宋体、五号，效果如图5-138所示。

06　选中整个表格，切换至"表格工具"选项卡，单击功能区中"对齐方式"扩展按钮，在弹出的下拉菜单中选择"水平居中"命令，如图5-139所示。

07　设置完成后，调整表格的大小和位置，最终效果如图5-140所示。

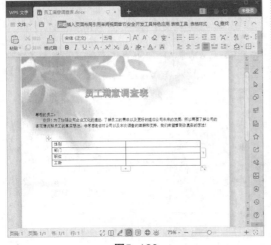

图5-138

图5-139

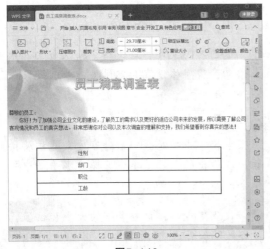

图5-140

5.2.4 插入复选框控件及其他文本信息

在 WPS 文字中可以插入复选框控件来设计项目信息，以方便用户选择所需项目。

在文档中插入复选框控件的具体操作步骤如下。

01 如果用户还没有添加"开发工具"选项卡，可以单击"文件"菜单，在弹出的菜单中选择"选项"命令，如图5-141所示。

图5-141

02 弹出"选项"对话框，切换至"自定义功能区"选项卡，在"从下列位置选择命令"下拉列表中选择"主选项卡"选项，然后在下方的列表框中选择"开发工具"选项，单击"添加"按钮，然后用户就可以在右侧看到"开发工具"选项卡，单击"确定"按钮即可，如图5-142所示。

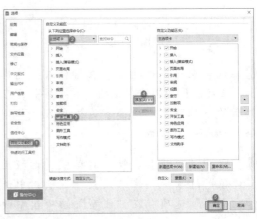

图5-142

03 切换至"开发工具"选项卡，单击功能区中的"旧式工具"按钮，在弹出的下拉菜单中选择"复选框"命令，如图5-143所示。

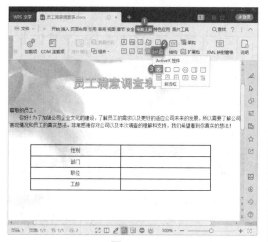

图5-143

04 此时，鼠标指针会变成"+"形状，按住鼠标左键不放并拖动鼠标指针，系统会插入一个名为"CheckBox1"的复选框，如图5-144所示。

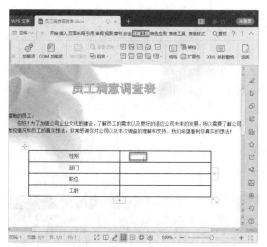

图5-144

05 在复选框中单击鼠标右键，在弹出的快捷菜单中选择"复选框 对象"命令，然后在子菜单中选择"编辑"命令，如图5-145所示。

06 将复选框的名称"CheckBox1"修改为"男"，调整复选框的大小和位置。以同样的方法制作一个"女"复选框，效果如图5-146所示。

07 设置完成后，输入其他文本信息，员工满意调查表的最终效果如图5-147所示。

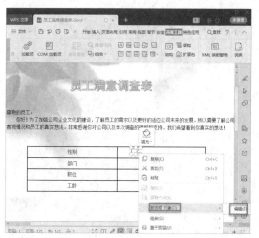

图5-145

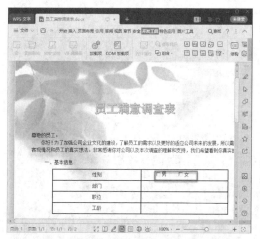

图5-146

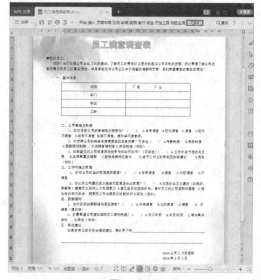

图5-147

至此一份简单的员工满意调查表制作完成。

第 6 章

WPS 表格的基本操作

前几章介绍了WPS文字的基础操作，包括文字的基本操作、文字的美化、文字表格的应用和文字的高级排版等。从本章开始介绍WPS表格的基础操作，包括表格的基本操作，表格的美化，数据排序、筛选和汇总、数据处理与分析、图表和数据透视表以及函数与公式的运用等。

WPS表格是一款常用的数据分析和处理电子表格软件，可以通过一定的方法分析、管理和共享信息，帮助用户做出更好、更明确的决策。本章主要介绍一些基本操作，包括新建、保存、共享以及数据与单元格的简单编辑。

6.1 工作簿/表的基本操作

工作表是管理和编辑数据的重要场所，是工作簿的必要组成部分，本节将介绍工作簿/表的基本操作，包括新建、保存、保护和共享、插入与删除等。下面以制作库存盘点表为例来详细介绍。

6.1.1 工作簿的基本操作

工作簿是指用来存储并处理工作数据的文件，它是 WPS 表格工作区中一个或多个工作表的集合。

一、新建工作簿

工作簿的创建主要分为两类：新建基于模板的工作簿和新建空白工作簿。

1. 创建基于模板的工作簿

WPS 表格为用户提供了多种类型的模板样式，可满足用户大多数设置和设计工作的要求。打开 WPS 表格时，通常会出现品类专区，用户可以在其中看到财务会计、市场营销、人事行政、仓储购销等模板，如图 6-1 所示。

图6-1

用户可以根据需要从"品类专区"选择模板样式并创建基于所选模板的工作簿。

2．新建空白工作簿

具体操作步骤如下。

01 启动WPS表格后，单击界面中的"新建"按钮，如图6-2所示。

图6-2

02 单击"新建空白文档"按钮，如图6-3所示。

图6-3

03 即可创建一个名为"工作簿1"的空白工作簿，如图6-4所示。

创建完成后，用户也可以单击"文件"菜单，在弹出的菜单中选择"新建"命令，即可快速再创建一个空白工作簿。

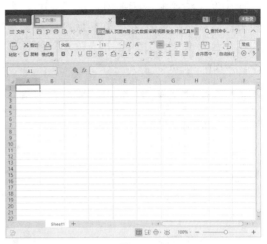

图6-4

二、保存工作簿

创建或编辑工作簿后，用户可以将其保存，以供日后查阅。保存工作簿可以分为保存新建的工作簿、保存已有的工作簿和自动保存工作簿3种情况。

1．保存新建的工作簿

保存新建的工作簿的具体操作步骤如下。

01 新建一个空白工作簿后，单击"文件"菜单，在弹出的菜单中选择"保存"命令，如图6-5所示。

图6-5

02 此时为第一次保存工作簿，系统会弹出"另存为"对话框，在左侧选择"WPS"文件夹，然后在"文件名"文本框内输入文本"库存盘点表.xlsx"，单击"保存"按钮即可，如图6-6所示。

图6-6

2. 保存已有的工作簿

对已存在的工作簿，用户既可以将其保存在原来的位置，也可以将其保存在其他位置。

01 如果用户想将工作簿保存在原来的位置，方法很简单，直接单击快速访问工具栏中的"保存"按钮或按"Ctrl+S"组合键即可，如图6-7所示。

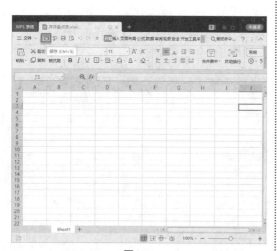

图6-7

02 如果想将其保存为其他名称，单击"文件"菜单，在弹出的菜单中选择"另存为"命令，如图6-8所示。

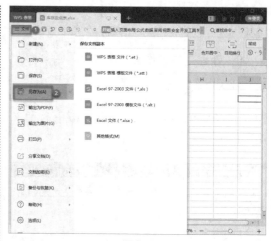

图6-8

03 弹出"另存为"对话框，从中设置工作簿的保存位置和保存名称。例如另存在"桌面"，在"文件名"文本框内将工作簿的名称更改为"2019上半年库存盘点表.xlsx"，设置完毕后单击"保存"按钮即可，如图6-9所示。

图6-9

3. 自动保存工作簿

使用 WPS 表格提供的备份功能，可以在断电和死机的情况下最大限度地减少损失，WPS 表格自带自动备份功能，用户也可以设置自动备份模式和保存周期，具体操作步骤如下。

01 单击"文件"菜单，在弹出的菜单中选择"选项"命令，如图6-10所示。

02 弹出"选项"对话框，单击"备份中心"按钮，如图6-11所示。

图6-10

图6-11

03 弹出"备份中心"对话框,单击"设置"按钮,右侧会出现"备份模式切换"和"备份保存周期",用户可以根据自己的需求来设置。这里是WPS表格自带的"智能模式"和"30天",不用更改,如图6-12所示。

图6-12

三、保护和共享工作簿

在日常办公中,为了保护公司机密,用户可以对相关的工作簿设置保护;为了实现数据共享,还可以设置共享工作簿。

1. 保存工作簿

用户既可以对工作簿的结构进行保护,也可以设置工作簿的打开和修改密码。

（1）保护工作簿的结构

保护工作簿的结构的具体操作步骤如下。

01 打开表格"2019上半年库存盘点表",切换至"审阅"选项卡,在功能区中单击"保护工作簿"按钮,如图6-13所示。

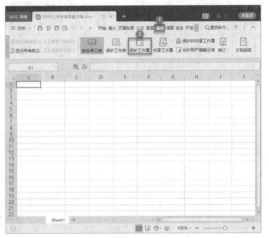

图6-13

02 弹出"保护工作簿"对话框,在"密码（可选）"文本框中输入密码,单击"确定"按钮,如图6-14所示。

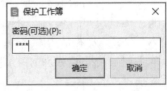

图6-14

03 弹出"确认密码"对话框,在"重新输入密码"文本框中再次输入密码,然后单击"确定"按钮即可,如图6-15所示。

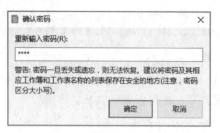

图6-15

（2）设置工作簿的打开和编辑密码

为工作簿设置打开和编辑密码的具体操作步骤如下。

01 打开表格"2019上半年库存盘点表"，切换至"审阅"选项卡，在功能区中单击"文档加密"按钮，如图6-16所示。

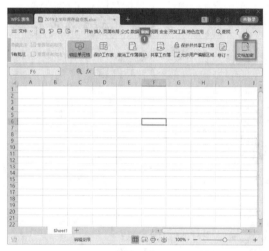

图6-16

02 弹出"文档安全"对话框，切换至"密码加密"选项卡，在右侧进行设置，在"打开权限"选项组中"打开文件密码"和"再次输入密码"文本框内输入相同的密码，在"编辑权限"选项组中"编辑文件密码"和"再次输入密码"文本框内输入相同的密码，然后单击"应用"按钮即可完成加密，如图6-17所示。

03 当用户再次打开该工作簿时，系统会自动弹出"文档已加密"对话框，要求用户输入文档打开密码，输入密码后单击"确定"按钮，如图6-18所示。

图6-17

图6-18

04 弹出"文档已加密"对话框，要求用户输入密码，输入密码后单击"确定"按钮，如图6-19所示。

图6-19

05 返回WPS 表格后，退出表格时会弹出对话框，单击"是"按钮即可加密文档，如图6-20所示。

图6-20

06 用户也可以采用"WPS账号加密"方法将文档加密，登录WPS账号即可加密，如图6-21所示。

图6-21

2．撤销保护工作簿

如果用户不需要对工作簿进行保护，可以撤销保护。

（1）撤销对结构和窗口的保护

01 切换至"审阅"选项卡，单击功能区中的"撤销工作簿保护"按钮，如图6-22所示。

图6-22

02 弹出"撤销工作簿保护"对话框，输入密码后单击"确定"按钮即可，如图6-23所示。

图6-23

（2）撤销对整个工作簿的保护

撤销对整个工作簿的保护的具体操作步骤如下。

01 按照前面介绍的方法打开"文档安全"对话框，切换至"密码加密"选项卡，在右侧进行设置，在"打开权限"选项组中"打开文件密码"和"再次输入密码"文本框内删除密码，在"编辑权限"选项组中"编辑文件密码"和"再次输入密码"文本框内删除密码，然后单击"应用"按钮，如图6-24所示。

图6-24

02 返回WPS 表格后，退出表格时会弹出对话框，单击选择"是"按钮即可撤销对文档的加密，如图6-25所示。

图6-25

3．共享与取消共享工作簿

（1）共享工作簿

当工作簿的信息量较大时，可以通过共享工作簿实现多个用户对信息的同步录入。

01 切换至"审阅"选项卡，单击功能区中的"共享工作簿"按钮，如图6-26所示。

02 弹出"共享工作簿"对话框，选中"允许多用户同时编辑，同时允许工作簿合并"前的复选按钮，单击"确定"按钮，如图6-27所示。

图6-26

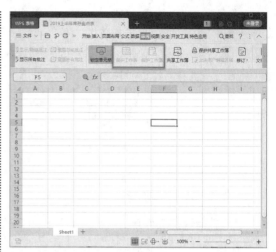

图6-29

图6-27

03 WPS表格会弹出提示对话框，提示用户是否继续，单击"是"按钮，如图6-28所示。

图6-28

04 返回WPS表格后，"审阅"选项卡下的"保护工作簿"和"保护工作表"按钮显示为灰色，说明共享成功，如图6-29所示。

（2）取消共享工作簿

01 按照前面介绍的方法，打开"共享工作簿"对话框，取消选中"允许多用户同时编辑，同时允许工作簿合并"前的复选按钮，单击"确定"按钮，如图6-30所示。

图6-30

02 WPS表格会弹出提示对话框，单击"是"按钮，即可取消共享，如图6-31所示。

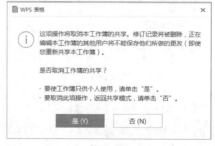

图6-31

提示

共享工作簿以后，要将其保存在其他用户可以访问的网络位置上，如保存在共享网络文件夹中，此时才可实现多用户的同步共享。

6.1.2 工作表的基本操作

工作表是 WPS 表格完成工作的基本单位，用户可以对其进行插入和删除、隐藏和显示、移动或复制、重命名、设置工作表标签颜色以及保护工作表等基本操作。

一、插入和删除工作表

工作表是工作簿的组成部分，默认每个新工作簿中包含一个工作表，名称为"Sheet1"。用户可以根据工作需要插入和删除工作表。

1. 插入工作表

在工作簿中插入工作表的具体操作步骤如下。
方法 1：

01 打开工作簿"2019上半年库存盘点表"，在工作表"Sheet1"标签上单击鼠标右键，然后在弹出的快捷菜单中选择"插入"命令，如图6-32所示。

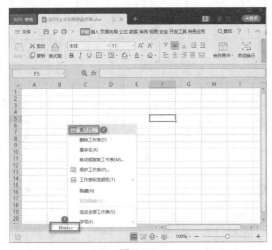

图6-32

02 弹出"插入工作表"对话框，在"插入数目"微调框内输入"1"，选中"当前工作表之后"前的单选按钮，单击"确定"按钮，如图6-33所示。

图6-33

即可在工作表"Sheet1"的右侧插入一个新的工作表"Sheet2"，如图6-34所示。

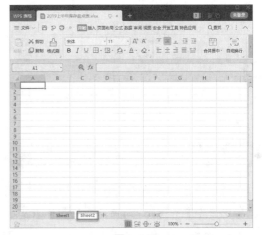

图6-34

方法 2：

用户可以在工作表列表区的右侧单击"新建工作表"按钮，在工作表"Sheet2"的右侧插入新的工作表，如图6-35所示。

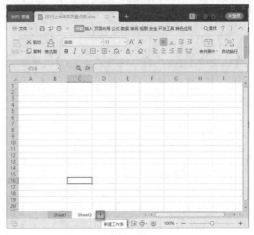

图6-35

2. 删除工作表

删除工作表的操作非常简单，选中要删除的工作表标签，然后单击鼠标右键，在弹出的快捷菜单中选择"删除工作表"命令即可，如图 6-36 所示。

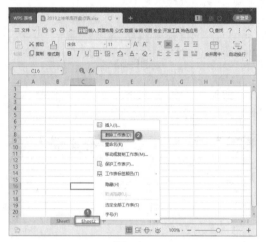

图6-36

二、隐藏和显示工作表

为了防止别人查看工作表中的数据，用户可以将工作表隐藏，当需要时再将其显示。

1. 隐藏工作表

隐藏工作表的具体操作步骤如下。

选中要隐藏的工作表标签，如"Sheet1"，单击鼠标右键，在弹出的快捷菜单中选择"隐藏"命令，如图 6-37 所示。

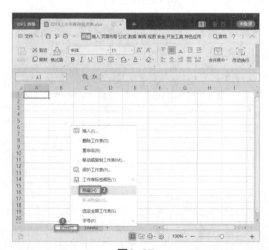

图6-37

此时工作表"Sheet1"就被隐藏，如图 6-38 所示。

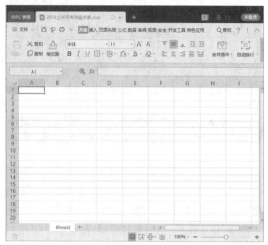

图6-38

2. 显示工作表

当用户想查看某个隐藏的工作表时，首先需要将它显示出来，具体的操作步骤如下。

01 在任意一个工作表标签上单击鼠标右键，在弹出的快捷菜单中选择"取消隐藏"命令，如图6-39所示。

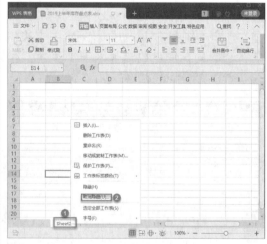

图6-39

02 弹出"取消隐藏"对话框，在"取消隐藏工作表"列表框中选择要显示的工作表"Sheet1"，选择完毕，单击"确定"按钮即可将其显示出来，如图6-40所示。

图6-40

三、移动或复制工作表

移动或复制工作表是日常办公中常用的操作，用户既可以在同一工作簿中移动或复制工作表，也可以在不同工作簿中移动或复制工作表。

1. 在同一工作簿中移动或复制

在同一工作簿中移动或复制工作表中的具体操作步骤如下。

01　打开工作簿"2019上半年库存盘点表"，在工作表"Sheet1"标签上单击鼠标右键，在弹出的快捷菜单中选择"移动或复制工作表"命令，如图6-41所示。

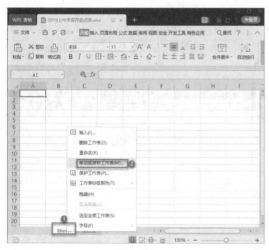

图6-41

02　弹出"移动或复制工作表"对话框，在"将选定工作表移至工作簿"下拉列表中默认选择当前工作簿"2019上半年库存盘点表.xlsx"选项，在"下列选定工作表之前"

列表框中选择"Sheet1"选项，然后选中"建立副本"前的复选按钮，单击"确定"按钮，如图6-42所示。

图6-42

此时工作表"Sheet1"的副本"Sheet1（2）"就被复制到工作表"Sheet1"之前，如图 6-43 所示。

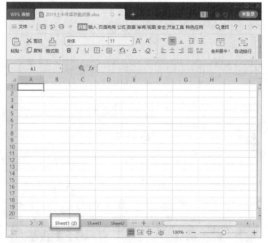

图6-43

2. 在不同工作簿中移动或复制

在不同工作簿中移动或复制工作表的具体操作步骤如下。

01　在工作表标签"Sheet1(2)"上单击鼠标右键，在弹出的快捷菜单中选择"移动或复制工作表"命令，如图6-44所示。

02　弹出"移动或复制工作表"对话框，在"将选定工作表移至工作簿"下拉列表中选择"（新工作簿）"选项，单击"确定"按钮，如图6-45所示。

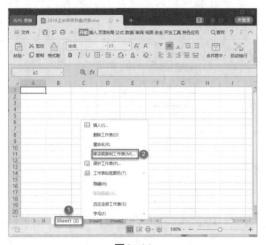

图6-44

图6-45

此时，工作簿"2019上半年库存盘点表"中的工作表"Sheet1（2）"就被移动至新的工作簿"工作簿1"中了，如图6-46所示。

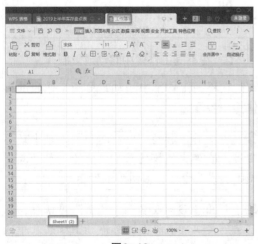

图6-46

四、重命名工作表

默认情况下，工作簿中的工作表名称为Sheet1、Sheet2等。在日常办公中，用户可以根据实际需要为工作表重命名。具体的操作步骤如下。

方法1：

01 在工作表"Sheet1"标签上单击鼠标右键，在弹出的快捷菜单中选择"重命名"命令，如图6-47所示。

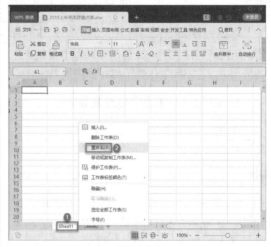

图6-47

此时工作表标签"Sheet1"呈蓝色底纹显示，工作表名称处于可编辑状态，如图6-48所示。

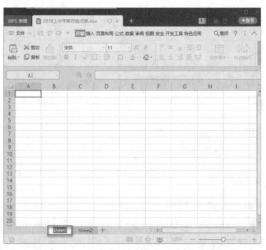

图6-48

02　输入合适的工作表名称，此处输入"盘点表"，然后按"Enter"键，效果如图6-49所示。

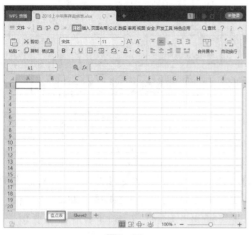

图6-49

方法 2：

用户可以在工作表标签上双击，快速地为工作表重命名。

五、设置工作表标签颜色

当一个工作簿中有多个工作表时，为了提高观看效果，同时也为了方便对工作表进行快速浏览，用户可以将工作表标签设置成不同的颜色。具体的操作步骤如下。

01　在工作表标签"盘点表"上单击鼠标右键，在弹出的快捷菜单中选择"工作表标签颜色"命令，在子菜单中选择喜欢的颜色即可，如图6-50所示。

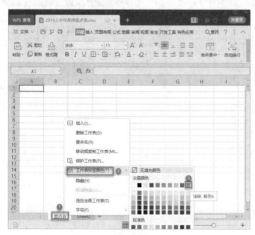

图6-50

设置完成后效果如图6-51所示。

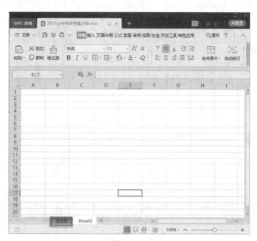

图6-51

02　如果用户对"工作表标签颜色"子菜单中的颜色不满意，还可以进行自定义操作。在"工作表标签颜色"子菜单中选择"其他颜色"命令，如图6-52所示。

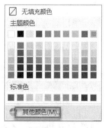

图6-52

03　弹出"颜色"对话框，切换至"自定义"选项卡，在颜色面板中选择喜欢的颜色或设置颜色，设置完成后单击"确定"按钮即可，如图6-53所示。

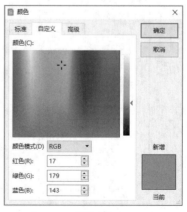

图6-53

六、保护工作表

为了防止他人随意更改工作表，用户也可以对工作表设置保护。

1. 保护工作表

保护工作表的具体操作步骤如下。

01 打开工作簿"2019上半年库存盘点表"，切换至"审阅"选项卡，单击功能区中的"保护工作表"按钮，如图6-54所示。

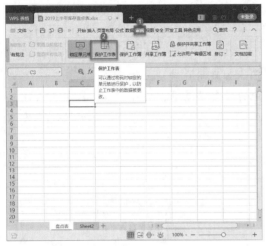

图6-54

02 弹出"保护工作表"对话框，在"密码"文本框中输入密码，然后在"允许此工作表的所有用户进行"列表框中选中"选定锁定单元格"和"选定未锁定单元格"前的复选按钮，单击"确定"按钮，如图6-55所示。

图6-55

03 弹出"确认密码"对话框，在"重新输入密码"文本框内输入密码，单击"确定"按钮，如图6-56所示。

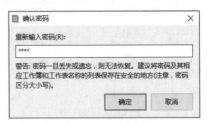

图6-56

04 此时，如果用户要修改某个单元格中的内容，则会弹出"WPS表格"提示对话框，单击"确定"按钮，如图6-57所示。

图6-57

2. 撤销工作表的保护

撤销工作表的保护的具体操作步骤如下。

01 打开工作簿"2019上半年库存盘点表"，切换至"审阅"选项卡，单击功能区中的"撤消工作表保护"按钮，如图6-58所示。

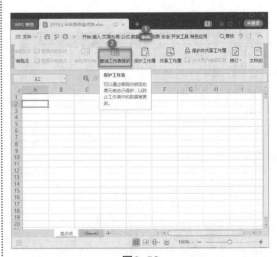

图6-58

02 弹出"撤消工作表保护"对话框，在"密码"文本框内输入密码，单击"确定"按钮，如图6-59所示。

图6-59

03 此时，功能区中的"撤消工作表保护"按钮会变成"保护工作表"按钮，如图6-60所示。

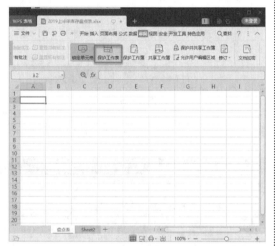

图6-60

6.2 数据与单元格的编辑

创建工作表后的第一步就是向工作表中输入各种数据。工作表中常用的数据类型包括文本型数据、常规数字、货币型数据、日期型数据等。

6.2.1 输入数据

一、输入文本型数据

文本型数据是指字符或者数值和字符的组合。输入文本型数据的具体操作步骤如下。

01 打开工作簿"2019上半年库存盘点表"，选中要输入文本的单元格A1，然后输入"库存盘点表"，按"Enter"键即可，如图6-61所示。

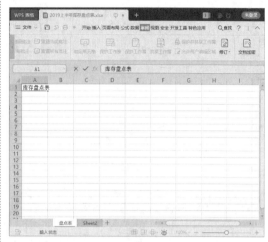

图6-61

02 使用同样的方法输入其他的文本型数据即可，如图6-62所示。

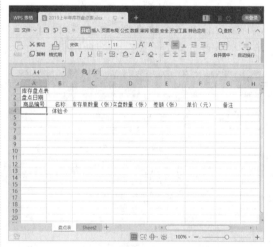

图6-62

二、输入常规数字

WPS 表格默认状态下的单元格格式为常规，此时输入的数字没有特定格式。在"库存单数量（张）"和"实盘数量（张）"列中输入相应的数字，效果如图 6-63 所示。

图6-63

三、输入货币型数据

货币型数据用于表示一般货币格式。如果要输入货币型数据，首先要输入常规数字，然后设置单元格格式即可。输入货币型数据的具体操作步骤如下。

01 选中要输入货币型数据的单元格，单击鼠标右键，在弹出的快捷菜单中选择"设置单元格格式"命令，如图6-64所示。

图6-64

02 弹出"单元格格式"对话框，切换至"数字"选项卡，在"分类"列表框中选择"货币"选项，在右侧的"小数位数"微调框中输入"2"，在"货币符号"下拉列表中

选择"¥"选项，然后在"负数"列表框中选择一种合适的负数形式，单击"确定"按钮即可，如图6-65所示。

图6-65

03 设置完成后，效果如图6-66所示。

图6-66

四、输入日期型数据

日期型数据是工作表中经常使用的一种数据类型。在单元格中输入日期的具体操作步骤如下。

01 选中单元格B2，输入"2019-6-1"，中间用"-"隔开，如图6-67所示。

图6-67

02 按"Enter"键，即可看到日期变成"2019/6/1"，如图6-68所示。因为WPS表格默认的时间格式为"2001/3/7"。

图6-68

03 如果用户对日期格式不满意，可以进行自定义。选中单元格B2，单击鼠标右键，在弹出的快捷菜单中选择"设置单元格格式"命令，弹出"单元格格式"对话框，切换至"数字"选项卡，在"分类"列表框中选择"日期"选项，在右侧的"类型"列表框中选择"2001年3月7日"选项，单击"确定"按钮，如图6-69所示。

图6-69

04 返回WPS表格，效果如图6-70所示。

图6-70

6.2.2 编辑数据

数据输入完毕，接下来就可以编辑数据了。编辑数据的操作主要包括填充、查找和替换、删除以及数据计算等。

一、填充数据

在 WPS 表格中填写数据时，经常会遇到一些在内容上相同，或者在结构上有规律的数据，如"1、2、3……"和"星期一、星期二、星期三……"等，对这些数据，用户可以采用填充功能进行快速编辑。

1．相同数据的填充

（1）填充相同的文本

如果用户要在连续的单元格中输入相同的文本，可以直接使用填充柄进行快速编辑，具体的操作步骤如下。

01 打开工作簿"2019上半年库存盘点表"，选中单元格B4，将鼠标指针移至该单元格的右下角，此时出现一个填充柄"+"，如图6-71所示。

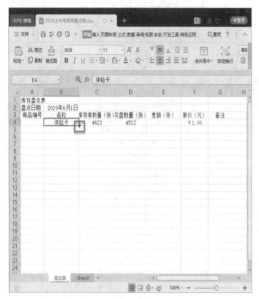

图6-71

02 按住鼠标左键不放，将填充柄向下拖动至合适的位置，然后释放鼠标左键，此时，选中的单元格出现跟单元格B4相同的文本，如图6-72所示。

图6-72

（2）填充相同的数字

填充相同的数字的具体操作步骤如下。

01 选中单元格G4，输入数字"5"，然后在单元格G5输入相同的数字"5"，如图6-73所示。

图6-73

02 选中单元格G4和单元格G5，将鼠标指针移至单元格G5的右下角，此时出现一个填充柄"+"，如图6-74所示。

图6-74

03 按住鼠标左键不放，将填充柄向下拖动至合适的位置，然后释放鼠标左键，此时选中的单元格出现了跟单元格G4和单元格G5相同的数字，如图6-75所示。

图6-75

2. 不同数字数据的填充

如果用户要在连续的单元格中输入有规律的一列或一行数据，具体的操作步骤如下。

01 选中单元格A4，然后输入数字"1"，将鼠标指针移至该单元格的右下角，此时出现一个填充柄"+"，如图6-76所示。

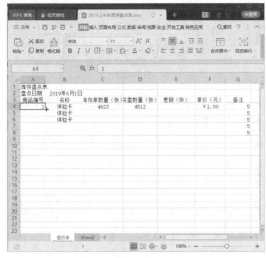

图6-76

02 按住鼠标左键不放，将填充柄向下拖动时看到单元格A5出现数字"2"，如图6-77所示。

图6-77

03 继续向下拖动填充柄至合适的位置，然后释放鼠标左键，此时选中的单元格出现了序列式数字，如图6-78所示。

图6-78

二、查找和替换数据

使用 WPS 表格的查找功能可以找到特定的数据，使用替换功能可以用新数据替换原数据。

1. 查找数据

查找数据的具体步骤如下。

01 切换至"开始"选项卡，单击功能区中的"查找"按钮，在弹出的下拉菜单中选择"查找"命令，如图6-79所示。

图6-79

02 弹出"查找"对话框，在"查找内容"文本框内输入要查找的内容，如"体验卡"，然后单击"查找全部"按钮，此时对话框下面出现了要查找内容的单元格信息，如图6-80所示。

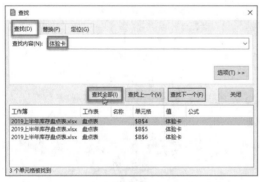

图6-80

03 此时任意选择某个单元格，光标定位在了查找内容所在单元格，查找完毕，单击"关闭"按钮即可，如图6-81所示。

图6-81

2. 替换数据

替换数据的具体操作步骤如下。

01 切换至"开始"选项卡，单击功能区中的"查找"按钮，在弹出的下拉菜单中选择"替换"命令，如图6-82所示。

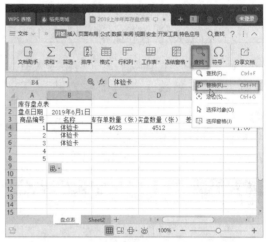

图6-82

02 弹出"替换"对话框，在"查找内容"文本框内输入文本"单价（元）"，在"替换为"文本框内输入文本"单价"，然后单击"查找全部"按钮，显示查找的内容后，单击"全部替换"按钮，如图6-83所示。

03 WPS表格弹出提示对话框，并显示替换结果，如图6-84所示。

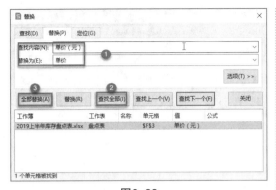

图6-83

图6-84

04 单击"确定"按钮返回"替换"对话框，替换完毕，单击"关闭"按钮即可，效果如图6-85所示。

图6-85

三、删除数据

当输入的数据不正确时，可以通过按删除键进行单个删除，也可以通过"清除"按钮进行批量删除。

1．单个删除

删除单个数据的方法很简单，选中要删除数据的单元格，然后按"Backspace"键或"Delete"键即可，如图6-86所示。

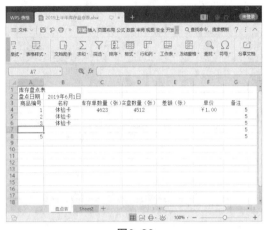

图6-86

2．批量删除

批量删除工作表中数据的具体操作步骤如下。

选中要删除数据的单元格区域，切换至"开始"选项卡，单击功能区中的"格式"按钮，然后在弹出的下拉菜单中选择"清除"命令，在弹出的子菜单中选择"内容"命令，如图6-87所示。

图6-87

此时，选中的单元格区域中的内容就被清除了，如图6-88所示。

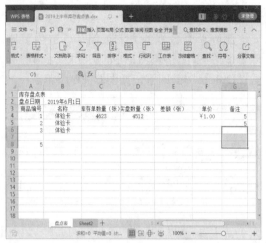

图6-88

四、数据计算

在编辑表格的过程中，经常会遇到一些数据计算，如求差、求和等。

1．求差

01 打开工作簿"2019上半年库存盘点表"并完善其他商品名称和单价信息，选中单元格E4，然后输入公式"=C4-D4"，如图6-89所示。

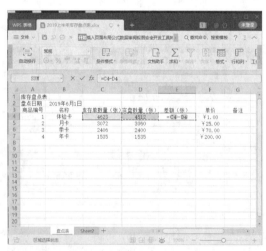

图6-89

02 输入完毕后按"Enter"键，将鼠标指针移至该单元格的右下角，此时出现一个填充柄"+"，如图6-90所示。

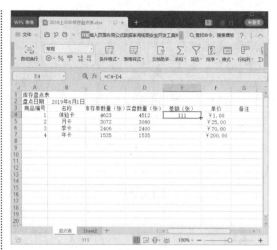

图6-90

03 按住鼠标左键不放并将填充柄向下拖动至合适的位置，"差额（张）"列中的数据就全部计算出来了，如图6-91所示。

图6-91

2．求和

01 选中单元格E8，切换至"开始"选项卡，单击功能区中的"求和"按钮，如图6-92所示。

02 此时，单元格E8自动引用求和公式，如图6-93所示。

03 确认公式无误后，按"Enter"键即可，差额合计数则计算出来，如图6-94所示。

图6-92

图6-93

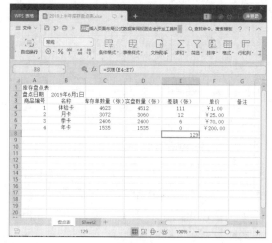

图6-94

6.2.3　单元格的基本操作

单元格是表格中行与列的交叉部分，它是组成表格的最小单位。单元格的基本操作包括选中、合并和拆分等。

一、单元格选中的技巧

1. 选中单个单元格

选中单个单元格的方法很简单，直接单击要选择的单元格即可，如图6-95所示。

图6-95

2. 选中连续的单元格区域

选中连续的单元格区域的具体操作步骤如下。

方法 1：

选中其中一个单元格，然后按住鼠标左键的同时，向任意方向拖动鼠标指针，即可选中一块连续的单元格区域，如图6-96所示。

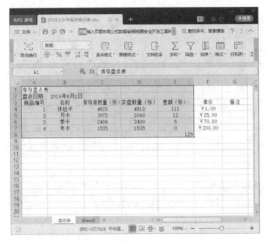

图6-96

方法2：

选中要选择的单元格区域的第一个单元格，然后按"Shift"键的同时选中最后一个单元格，也可以选中连续的单元格区域。

3. 选中不连续的单元格区域

选中要选择的第一个单元格，然后按"Ctrl"键的同时依次选中其他单元格。

4. 选中全表

选中全表的方法很简单，可以按"Ctrl+A"组合键选中全表，也可以单击表格行和列左上角交叉处的"全选"按钮。

5. 利用名称框选取区域

在名称框中输入想要选择的单元格或单元格区域，按"Enter"键即可显示选中的单元格或单元格区域，如图6-97所示。

图6-97

二、合并和拆分单元格

在编辑工作表的过程中，经常会需要合并和拆分单元格。合并和拆分单元格的具体操作步骤如下。

1. 合并单元格

选中要合并的单元格区域A1:G1，然后切换至"开始"选项卡，单击功能区中的"合并居中"按钮，如图6-98所示。

图6-98

随即单元格区域A1:G1被合并为一个单元格，如图6-99所示。

图6-99

2. 拆分单元格

选中要拆分的单元格，然后切换至"开始"选项卡，单击功能区中的"合并居中"扩展按钮，在弹出的下拉菜单中选择"取消合并单元格"命令，如图6-100所示。

图6-100

6.2.4　设置单元格格式

单元格格式的设置主要包括设置字体格式、行高和列宽、边框和底纹以及背景色等。

一、设置字体格式

在编辑工作表的过程中，用户可以通过设置字体格式的方式突出显示某些单元格。设置字体格式的具体操作步骤如下。

01 打开工作簿"2019上半年库存盘点表"，选中单元格A1，切换至"开始"选项卡，在功能区中对字体和字号进行设置，这里分别是"楷体"和"20"，如图6-101所示。

图6-101

02 使用同样的方法设置其他单元格区域的

字体格式，这里字体是"微软雅黑"，字号是"11"，如图6-102所示。

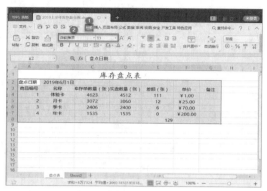

图6-102

二、调整行高和列宽

为了使工作表看起来更加美观，用户可以调整行高和列宽。调整列宽的具体操作如下。

01 将鼠标指针放在要调整列宽的列标记右侧的分割线上，此时鼠标指针形状如图6-103所示。

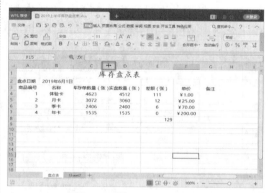

图6-103

02 按住鼠标左键，拖动鼠标指针调整列宽，分割线上会显示列宽值，拖动获得合适的列宽即可释放鼠标左键。用户也可以在分割线上双击调整列宽，如图6-104所示。

03 使用同样的方法调整其他列的列宽。

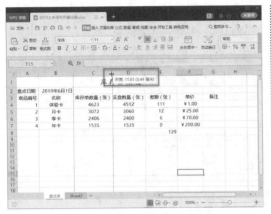

图6-104

三、添加边框和底纹

为了使工作表看起来更加直观，可以为表格添加边框和底纹。

1. 添加边框

添加边框的具体操作步骤如下。

方法1：

01 选中单元格区域A3:G8，切换至"开始"选项卡，单击功能区中的"无框线"扩展按钮，在弹出的下拉菜单中选择"所有框线"命令，如图6-105所示。

图6-105

02 返回WPS表格，设置效果如图6-106所示。

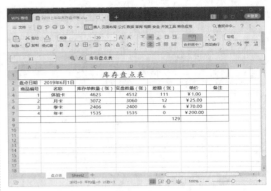

图6-106

方法2：

选中单元格区域A3:G8，切换至"开始"选项卡，单击功能区"绘制边框"扩展按钮，在弹出的下拉菜单中选择合适的命令进行绘制，如图6-107所示。

图6-107

2. 添加底纹

添加底纹的具体操作步骤如下。

01 选中单元格区域D4:D7，切换至"开始"选项卡，单击功能区"填充颜色"扩展按钮，在弹出的下拉菜单中选择合适的颜色进行填充，这里选择"浅绿，着色6，浅色60%"，如图6-108所示。

02 返回WPS表格中，设置效果如图6-109所示。

图6-108

图6-109

03 如果需要填充其他颜色选择"其他颜色"命令进行设置即可。

6.3 高手过招——在 WPS 表格中绘制斜线表头

在 WPS 文字的相关内容中提到在 WPS 文字表格中绘制斜线表头的方法，在 WPS 表格中也经常会用到斜线表头，其具体的制作方法如下。

01 任选一个单元格，如单元格C2，调整其大小，切换至"开始"选项卡，单击功能区

中"单元格格式：对齐方式"组的对话框启动器按钮，如图6-110所示。

图6-110

02 弹出"单元格格式"对话框，切换至"对齐"选项卡，在"垂直对齐"下拉列表中选择"靠上"选项，在"文本控制"选项组内选中"自动换行"前的复选按钮，如图6-111所示。

图6-111

03 切换至"边框"选项卡，在"预置"选项组内选择"外边框"选项，在"边框"选项组内单击选择右斜线选项，单击"确定"按钮，如图6-112所示。

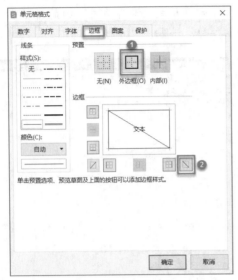

图6-112

图6-113

04 返回WPS表格，此时单元格C2内出现了一个斜线表头，如图6-113所示。

05 在单元格C2内输入文本"日期月份"，将光标定位在文本"日"之前，按空格键，将文本"月份"调整至下一行，然后单击其他任意一个单元格，设置效果如图6-114所示。

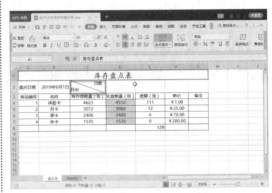

图6-114

第 7 章

WPS 表格的美化

第6章介绍了工作簿和工作表的基本操作，以及数据和单元格的简单编辑，本章着重介绍对工作表进行各种美化操作。美化工作表的操作主要包括批注和页面设置的应用、应用样式和主题、设置条件格式、条件格式的应用等。

7.1 工作表批注及页面设置的应用

表格制作完成后，可以对表格进行审阅和页面设置功能的运用，包括添加批注、页面设置、添加页眉和页脚，打印工作表等，下面将会一一介绍。

7.1.1 批注的应用

表格制作完成后，可以通过工作表的审阅功能对表格进行批注的应用，包括添加批注、编辑批注。

一、添加批注

为单元格添加批注是指为表格内容添加一些注释。当鼠标指针停留在带批注的单元格上时，用户可以查看其中的每条批注，也可以同时查看所有的批注，还可以打印批注，或者打印带批注的工作表。

在 WPS 表格中，用户可以通过"审阅"选项卡为单元格插入批注。在单元格中插入批注的具体操作步骤如下。

01 打开工作簿"4-5月业绩表"，选中单元格E12，切换至"审阅"选项卡，单击功能区中的"新建批注"按钮，如图7-1所示。

图7-1

02 此时在单元格E12的右上角会出现一个红色小三角，并弹出一个批注框，然后在批注框中输入相应的文本，如图7-2所示。

图7-2

03 输入完毕，单击批注框外的工作表区域，即可看到单元格中的批注框被隐藏，只显示右上角的红色小三角，如图7-3所示。

图7-3

二、编辑批注

插入批注后，用户可以对批注框的大小、位置以及字体格式进行编辑。

1. 调整批注框的大小和位置

01 选中单元格E12，切换至"审阅"选项卡，单击功能区中的"编辑批注"按钮，如图7-4所示。

图7-4

02 随即弹出批注框，然后将鼠标指针移动至批注框上的控制点上，拖动鼠标指针可以调整大小，将鼠标指针移至批注框的边框线上，鼠标指针变成十字四向箭头，按住鼠标左键不放，拖动鼠标指针至合适的位置，然后释放鼠标左键即可调整位置，如图7-5所示。

图7-5

2. 设置批注的格式

01 选中单元格E12，单击功能区中的"编辑批注"按钮，然后选中批注框中的内容，单击鼠标右键，在弹出的快捷菜单中选择"设置批注格式"命令，如图7-6所示。

02 弹出"设置批注格式"对话框，在"颜色"下拉列表中选择"红色"选项，其他设置保持默认，设置完毕后单击"确定"按钮即可，如图7-7所示。

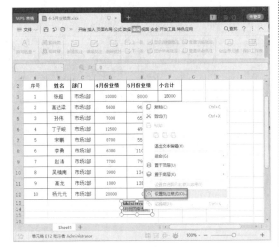

图7-6

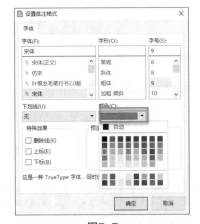

图7-7

03　返回WPS表格，效果如图7-8所示。

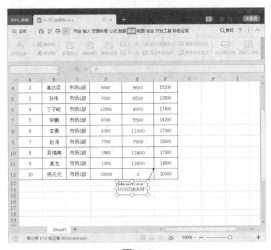

图7-8

7.1.2 工作表页面布局设置的应用

为了使工作表打印出来更加美观、大方，在打印之前用户还需要对其进行页面设置功能的运用，包括页面设置、添加页眉和页脚、打印工作表等。

一、页面设置

用户可以对工作表的方向、纸张大小以及页边距等要素进行设置。设置页面的具体操作步骤如下。

01　打开工作簿"4-5月业绩表"，切换至"页面布局"选项卡，单击功能区中"页面设置"组的对话框启动器按钮，如图7-9所示。

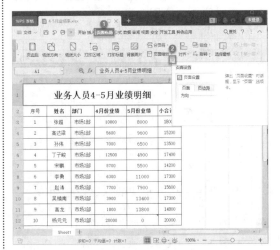

图7-9

02　弹出"页面设置"对话框，切换至"页面"选项卡，在"方向"选项组中选中"横向"前的单选按钮，在"纸张大小"下拉列表中选择"A4"，如图7-10所示。

图7-10

03 切换至"页边距"选项卡,在其中设置页边距,设置完毕单击"确定"按钮即可,如图7-11所示。

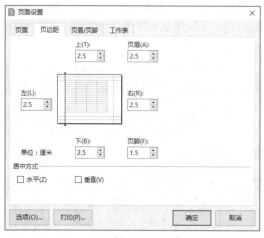

图7-11

二、添加页眉和页脚

用户可以根据需要为工作表添加页眉和页脚,而且可以直接选用 WPS 表格提供的各种样式,还可以进行自定义设置。

1. 自定义页眉

为工作表自定义页眉的具体步骤如下。

01 使用之前介绍的方法,打开"页面设置"对话框,切换至"页眉/页脚"选项卡,单击"自定义页眉"按钮,如图7-12所示。

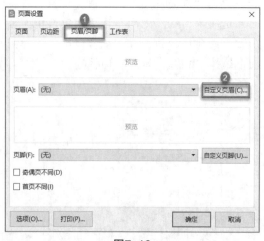

图7-12

02 弹出"页眉"对话框,然后在"左"文本框中输入文本"××××公司",如图7-13所示。

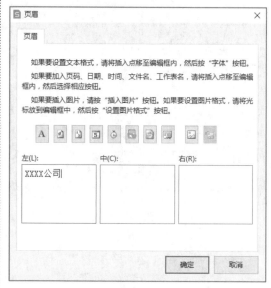

图7-13

03 选中输入的文本,然后单击"字体"按钮,如图7-14所示。

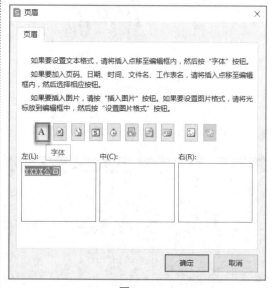

图7-14

04 弹出"字体"对话框,在"字体"列表框中选择"楷体"选项,在"字形"列表框中选择"常规"选项,在"大小"列表框中选择"11"选项,单击"确定"按钮,如图7-15所示。

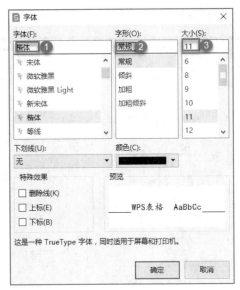

图7-15

05 返回"页眉"对话框，设置效果如图7-16所示，单击"确定"按钮返回"页面设置"对话框，然后单击"确定"按钮即可。

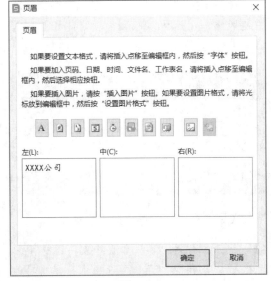

图7-16

2. 插入页脚

为工作表插入页脚的操作非常简单，在"页面设置"对话框内，切换至"页眉/页脚"选项卡，在"页脚"下拉列表中选择一种合适的样式，设置完毕单击"确定"按钮即可，如图 7-17 所示。

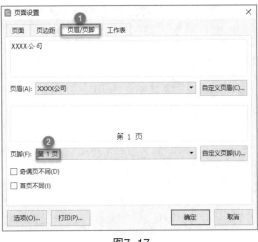

图7-17

三、打印工作表

用户在打印之前还需要根据实际需要来设置工作表的打印区域，设置完毕可以通过预览页面查看打印效果。打印设置的具体操作步骤如下。

01 使用之前介绍的方法打开"页面设置"对话框，切换至"工作表"选项卡，单击"打印区域"文本框右侧的折叠按钮，如图7-18所示。

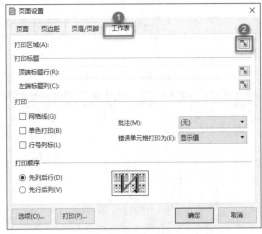

图7-18

02 弹出"页面设置"打印区域对话框，然后在工作表中拖动鼠标指针选中打印区域，如图7-19所示。

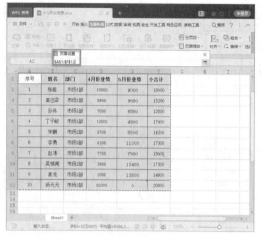

图7-19

03 选择完毕，单击展开按钮返回"页面设置"对话框，用户可以看到在"打印区域"文本框内显示了打印区域，然后在"批注"下拉列表中选择"（无）"选项，设置完毕单击"确定"按钮即可，如图7-20所示。

图7-20

04 返回WPS表格，单击快速访问工具栏中的"打印预览"按钮，如图7-21所示。

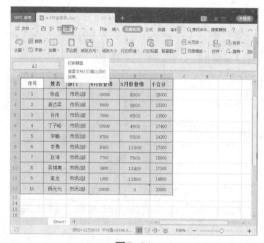

图7-21

最终效果如图7-22所示。

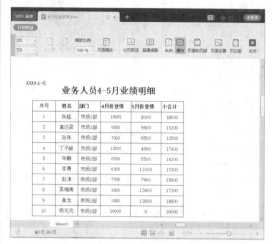

图7-22

7.2 应用样式和主题

WPS表格为用户提供了多种表格样式和主题风格，用户可以从颜色、字体和效果等方面进行选择。

7.2.1 应用单元格样式

在美化工作表的过程中，用户可以使用单元格样式快速设置单元格格式。

一、套用内置样式

套用内置样式的具体操作步骤如下。

01 打开工作簿"4-5月业绩表"，选中单元格A1，切换至"开始"选项卡，单击功能区中的"格式"按钮，在弹出的下拉菜单中选择"样式"命令，如图7-23所示。

02 在弹出的子菜单中选择一种样式，如选择"标题"，如图7-24所示。

应用样式后的效果如图7-25所示。

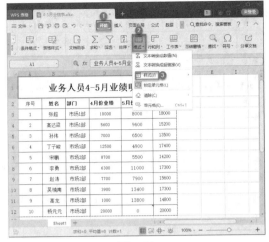

图7-23

图7-24

图7-25

二、自定义单元格样式

自定义单元格样式的具体操作步骤如下。

01 切换至"开始"选项卡，单击功能区中的"格式"按钮，在弹出的下拉菜单中选择"样式"命令，在弹出的子菜单中选择"新建单元格样式"命令，如图7-26所示。

图7-26

02 弹出"样式"对话框，在"样式名"文本框内自动显示"样式1"，用户可以根据需要重新设置样式名，单击"格式"按钮，如图7-27所示。

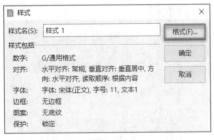

图7-27

03 弹出"单元格格式"对话框，切换至"字体"选项卡，在"字体"列表框中选择"微软雅黑"选项，在"字形"列表框中选择"粗体"选项，在"字号"列表框中选择"18"选项，在"颜色"下拉列表中选择"自动"选项，单击"确定"按钮，如图7-28所示。

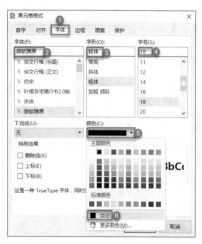

图7-28

04 返回"样式"对话框，设置完毕，单击"确定"按钮，如图7-29所示。此时新建的样式"样式1"就保存在内置样式中了。

图7-29

05 选中单元格A1，切换至"开始"选项卡，单击功能区中的"格式"按钮，在弹出的下拉菜单中选择"样式1"，如图7-30所示。

图7-30

应用"样式1"后的效果如图7-31所示。

图7-31

7.2.2 套用表格样式

通过套用表格样式可以快速设置一组单元格的格式，并将其转化为表，具体的操作步骤如下。

01 选中单元格区域A2:F12，切换至"开始"选项卡，单击功能区中的"表格样式"按钮，如图7-32所示。

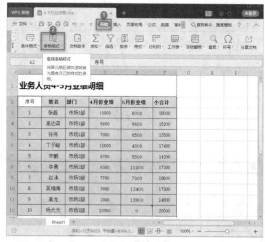

图7-32

02 在弹出的下拉菜单中选择"表样式浅色21"，如图7-33所示。

03 弹出"套用表格样式"对话框，在"表数据的来源"文本框中输入"=$A$2:$F$12"，然后选中"转换成表格，并套用表格样式"前的单选按钮，然后选中"表包含标题"前的复选按钮，单击"确定"按钮，如图7-34所示。

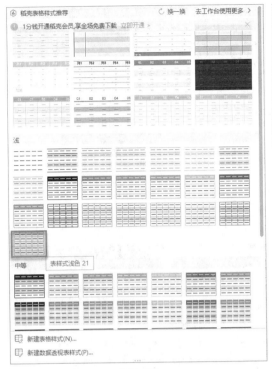

图7-33

图7-34

应用样式后的效果如图 7-35 所示。

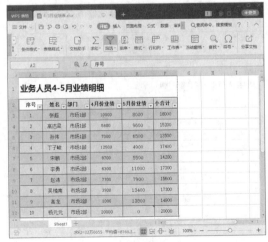

图7-35

如果用户对现有数字类型不是很满意，可以对其进行相应的设置。将工作簿"4-5月业绩表"的"序号"列的"1，2，3，……，10"修改为"001，002，003，……，010"，具体操作步骤如下。

01　选中单元格区域A3:A12，切换至"开始"选项卡，单击功能区中"单元格格式：数字"组的对话框启动器按钮，如图7-36所示。

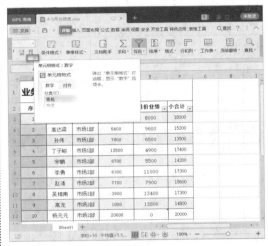

图7-36

02　弹出"单元格格式"对话框，切换至"数字"选项卡，在"分类"列表框中选择"自定义"选项，然后在右侧"类型"文本框中输入"000"，单击"确定"按钮，如图7-37所示。

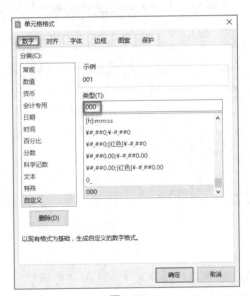

图7-37

03 返回WPS表格，效果如图7-38所示。

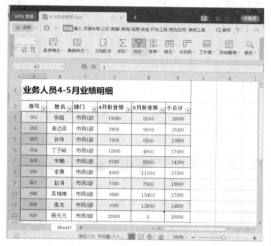

图7-38

7.2.3 设置表格主题

WPS 表格为用户提供了多种风格的表格主题，用户可以直接套用主题快速改变表格风格，也可以对主题颜色、字体和效果进行自定义设置。设置表格主题的具体操作步骤如下。

1. 套用默认主题

01 切换至"页面布局"选项卡，单击功能区中的"主题"按钮，如图7-39所示。

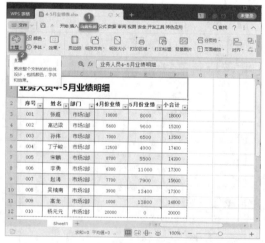

图7-39

02 在弹出的下拉菜单中选择"奥斯汀"命令，如图7-40所示。

图7-40

应用主题后的效果如图 7-41 所示。

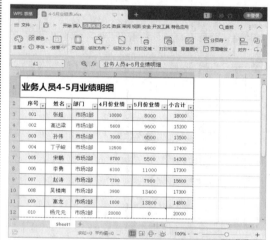

图7-41

2. 自定义主题

01 单击功能区中的"颜色"按钮，如图7-42所示。

图7-42

02　在弹出的下拉菜单中选择"聚合"命令，如图7-43所示。

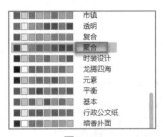

图7-43

03　单击功能区中的"字体"按钮，在弹出的下拉菜单中选择"华文行楷"命令，如图7-44所示。

图7-44

04　单击功能区中的"效果"按钮，在弹出的下拉菜单中选择"凤舞九天"命令，如图7-45所示。

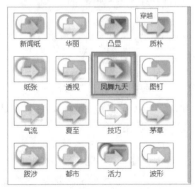

图7-45

05　自定义主题后，返回WPS表格，效果如图7-46所示。

图7-46

7.3　设置条件格式

使用"条件格式"功能，用户可以根据条件突出显示单元格，添加数据条、图标和色阶，以突出显示相关单元格，强调异常值，以及实现数据的可视化效果。下面将一一介绍。

7.3.1　突出显示单元格

在编辑数据表格的过程中，使用突出显示单元格功能可以快速显示特定区间的特定数据，从而提高工作效率。突出显示单元格的具体操作步骤如下。

01　选中单元格F3，切换至"开始"选项卡，单击功能区中的"条件格式"按钮，在弹出的下拉菜单中选择"突出显示单元格规则"下的"其他规则"命令，如图7-47所示。

02　弹出"新建格式规则"对话框，在"选择规则类型"列表框中选择"只为包含以下内容的单元格设置格式"选项，在"编辑规则说明"选项组中将条件格式设置为单元格值大于或等于1 5000，单击"格式"按钮，如图7-48所示。

03　弹出"单元格格式"对话框，切换至"字体"选项卡，在"字形"下拉列表中选择"粗体"选项，在"颜色"下拉列表中选择"红色"选项，如图7-49所示。

图7-47

图7-48

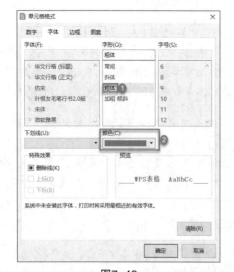

图7-49

04 切换至"图案"选项卡，单击"填充效果"按钮，如图7-50所示。

图7-50

05 弹出"填充效果"对话框，在"颜色"选项组中选中"双色"前的单选按钮，在"颜色2"下拉列表中选择"绿色"选项，在"底纹样式"选项组中选中"斜上"前的单选按钮，在"变形"选项组中选择一种合适的样式，单击"确定"按钮，如图7-51所示。

图7-51

06 返回"单元格格式"对话框，用户可以在"示例"中看到效果，单击"确定"按钮，如图7-52所示。

07 返回"新建格式规则"对话框，用户可以在"预览"中看到格式效果，单击"确定"按钮，如图7-53所示。

08 返回WPS表格，切换至"开始"选项卡，单击功能区中的"格式刷"按钮，如图7-54所示。

图7-52

图7-53

图7-54

⑨ 将鼠标指针移动至工作表区域内，此时鼠标指针会变成刷子形状，按住鼠标左键不放，拖动刷子向下移动至单元格F12，此时单

元格区域F4:F12就应用了单元格F3的格式，所有总业绩在1 5000或以上的单元格都进行了突出显示，如图7-55所示。

图7-55

7.3.2 添加数据条

使用数据条功能，可以快速为单元格添加底纹颜色，并根据数值自动调整颜色的长度。添加数据条的具体步骤如下。

① 选中单元格区域D3:E12，切换至"开始"选项卡，单击功能区中的"条件格式"按钮，在弹出的下拉菜单中选择"数据条"命令，然后在弹出的子菜单中选择"渐变填充"下的"紫色数据条"命令，如图7-56所示。

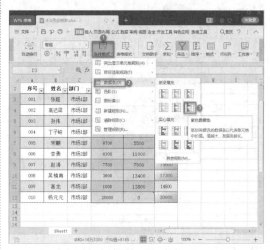

图7-56

02 返回WPS表格，效果如图7-57所示。

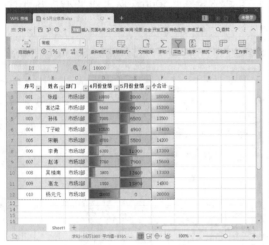

图7-57

7.3.3 添加图标

使用图标集功能，可以快速为单元格插入图标，并根据数值自动调整图标的类型和方向。添加图标的具体步骤如下。

01 选中单元格区域F3:F12，切换至"开始"选项卡，单击功能区中的"条件格式"按钮，在弹出的下拉菜单中选择"图标集"命令，然后在弹出的子菜单中选择"形状"下的"三标志"命令，如图7-58所示。

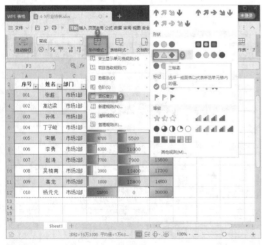

图7-58

02 返回WPS表格，效果如图7-59所示。

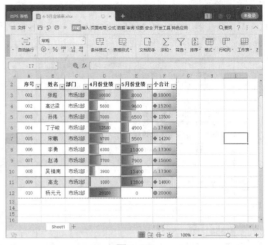

图7-59

7.3.4 添加色阶

使用色阶功能，可以快速为单元格插入色阶，以颜色的亮度强弱和渐变程度来显示不同的数值，如双色渐变、三色渐变等。添加色阶的具体步骤如下。

01 选中单元格区域F3:F12，切换至"开始"选项卡，单击功能区中的"条件格式"按钮，在弹出的下拉菜单中选择"色阶"命令，然后在弹出的子菜单中选择"绿-白-红色阶"命令，如图7-60所示。

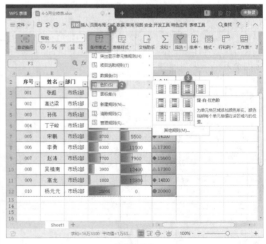

图7-60

02 返回WPS表格，效果如图7-61所示。

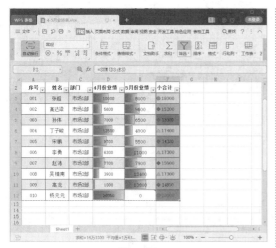

图7-61

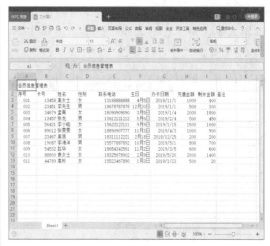

图7-62

7.4　高手过招——创建和编辑会员信息管理表

会员信息管理表的信息主要包括卡号、姓名、性别、联系电话、生日、办卡日期、充值金额、剩余金额以及备注等。

7.4.1　创建会员信息表

在对会员信息表进行管理之前，首先需要创建一份基本信息表。

01 打开WPS表格，在工作表中输入相应的文本，如图7-62所示。

02 选中单元格A1，切换至"开始"选项卡，在功能区中单击"字体"组的对话框启动器按钮，如图7-63所示。

03 弹出"单元格格式"对话框，切换至"字体"选项卡，在"字体"列表框中选择"楷体"选项，在"字形"列表框中选择"粗体"选项，在"字号"列表框中选择"18"选项，单击"确定"按钮，如图7-64所示。

图7-63

图7-64

04 返回WPS表格，选中单元格区域A1:J1，单击功能区中"合并居中"按钮，效果如图7-65所示。

图7-65

05 选中单元格区域A2:J2，将"字体"设置为"微软雅黑"，"字号"设置为"11"，并设置加粗，然后单击功能区中的"水平居中"按钮，如图7-66所示。

图7-66

06 调整列宽。将鼠标指针放在A列的列标记右侧的分隔线上，此时鼠标指针会改变形状，如图7-67所示。

07 双击，A列的列宽就调整到了使用的宽度。使用同样的方法将其他列宽也作调整，效果如图7-68所示。

图7-67

图7-68

08 调整行高。选择要设置行高的行，如第1行，单击鼠标右键，在弹出的快捷菜单中选择"行高"命令，如图7-69所示。

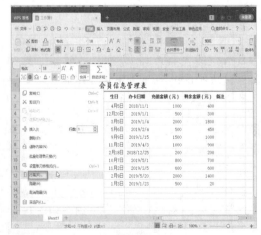

图7-69

09 弹出"行高"对话框,在"行高"微调框中输入"40",单击"确定"按钮即可,如图7-70所示。

图7-70

10 使用同样的方法将第2行至第13行的行高设置为18磅即可,效果如图7-71所示。

图7-71

11 添加边框。切换至"开始"选项卡,单击功能区中的"框线"扩展按钮,在弹出的下拉菜单中选择"所有框线"命令,如图7-72所示。

图7-72

12 返回WPS表格,设置效果如图7-73所示。

图7-73

13 单击"保存"按钮,选择合适的保存位置并命名为"会员信息管理表.xlsx",如图7-74所示。

图7-74

7.4.2　条件格式的应用

在日常工作中,店家随时会浏览会员信息管理表,查询某个会员的情况,使用鼠标拖动滚动条查找,不仅麻烦,而且容易出现错行现象。如果结合条件格式和公式设计快速查询,则可实现数据的快速查询和浏览。

设置快速查询的具体步骤如下。

01 打开工作表选中第2行,单击鼠标右键,在弹出的快捷菜单中选择"插入"命令,在其右侧会出现"行数"微调框,用户可以看到该微调框内已自动显示"2",如图7-75所示。

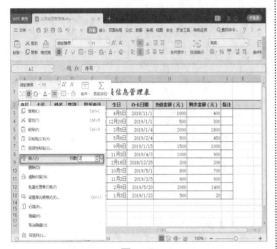

图7-75

02 此时，WPS表格中插入了两个空行，如图7-76所示。

图7-76

03 在插入的空行中输入相应的文本，然后进行简单的格式设置，效果如图7-77所示。

04 选中单元格区域A5:J15，切换至"开始"选项卡，单击功能区中的"条件格式"按钮，在弹出的下拉菜单中选择"新建规则"命令，如图7-78所示。

05 弹出"新建格式规则"对话框，在"选择规则类型"列表框中选择"使用公式确定要设置格式的单元格"选择，在"编辑规则说明"选项组中的"只为满足以下条件的单元

格设置格式"文本框内输入"=$B$3=$C5"其含义是"如果单元格B3中输入的姓名与C列中的姓名一致，则该姓名所在的行执行此条件格式"，单击"格式"按钮，如图7-79所示。

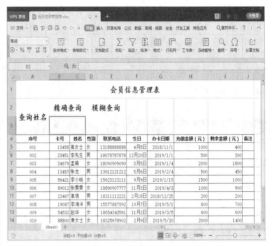

图7-77

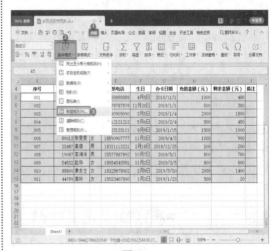

图7-78

图7-79

06　弹出"单元格格式"对话框，切换至"图案"选项卡，在"颜色"列表框中选择一种合适的颜色，如图7-80所示。

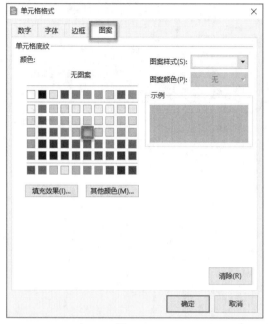

图7-80

07　切换至"字体"选项卡，在"颜色"下拉列表中选择"红色"选项，单击"确定"按钮，如图7-81所示。

图7-81

08　返回"新建格式规则"对话框，用户可以在"预览"文本框中浏览设置效果，单击"确定"按钮，如图7-82所示。

图7-82

09　返回WPS表格，首先进行精确查询，在单元格B3内输入"高信"，按"Enter"键，此时工作表中姓名为"高信"的所有记录都应用了规则1，效果如图7-83所示。

图7-83

10　使用同样的方法，利用"=\$D\$3=LEFT(\$C5,1)"创建另一个规则。其含义是"如果单元格D3中输入姓名的第一个字符与C列中的姓名的第一个字符一致，则该姓名所在的行执行此条件格式"，如图7-84所示。

11　接下来进行模糊查询，在单元格D3内输入"张"，按"Enter"键，此时工作表中姓名的第一个字符为"张"的所有记录都应用了规则2，效果如图7-85所示。

图7-84

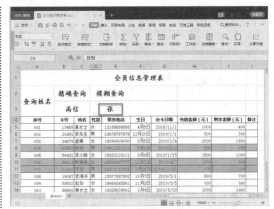

图7-85

第 8 章

数据的排序、筛选与分类汇总

第7章介绍了工作表的美化，包括批注和页面设置的应用、样式和主题的应用、条件格式的设置、条件格式的应用等。本章将具体介绍WPS表格对数据的处理，包括数据的排序、筛选与分类汇总等。数据的排序、筛选与分类汇总是WPS表格中经常使用的几种功能，使用这些功能用户可以对工作表中的数据进行处理和分析。

8.1　数据的排序

数据排序是在日常使用工作薄过程中常用的功能，主要包括简单排序、复杂排序和自定义排序3种，用户可以根据需要进行选择。

8.1.1　简单排序

简单排序指的是设置单一条件进行排序。

本例按照"姓名"的拼音首字母，对工作表中的数据进行升序排序，具体的操作步骤如下。

01 打开工作簿"薪资表"，选中单元格区域A2:Q17，切换至"数据"选项卡，单击功能区中的"排序"按钮，如图8-1所示。

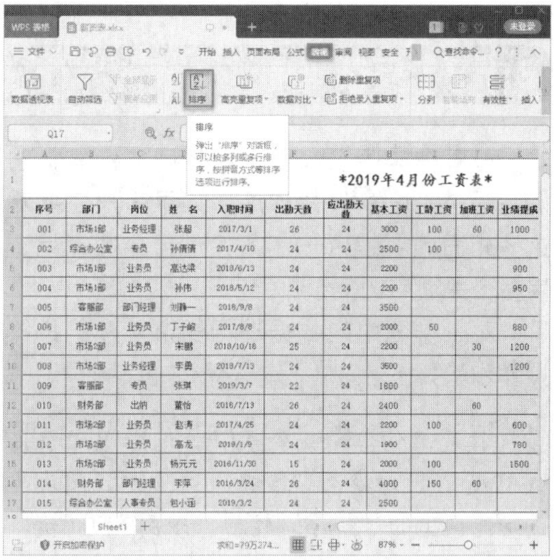

图8-1

02 弹出"排序"对话框，在"主要关键字"下拉列表中选择"姓名"，在"排序依据"下拉列表中选择"数值"选项，在"次序"下拉列表中选择"升序"选项，单击"确定"按钮，如图8-2所示。

图8-2

03 返回WPS表格，此时表格中数据根据D列中"姓名"的拼音首字母进行升序排列，效果如图8-3所示。

图8-3

8.1.2 复杂排序

如果在排序字段里出现相同的内容，它们会保持它们的原始次序。如果用户还要对这些相同内容按照一定条件进行排序，就要用多个关键字的复杂排序。

对工作表中的数据进行复杂排序的具体操作步骤如下。

01 打开工作簿"薪资表"，选中单元格区域A2:Q17，切换至"数据"选项卡，然后单击功能区中的"排序"按钮，如图8-4所示。

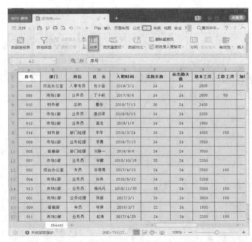

图8-4

02 弹出"排序"对话框，显示出之前按照"姓名"的拼音首字母对数据进行了升序排列，单击"添加条件"按钮，如图8-5所示。

图8-5

03 此时即可添加一组新的排序条件，在"次要关键字"下拉列表中选择"入职时间"选项，在"排序依据"下拉列表中选择"数值"选项，在"次序"下拉列表中选择"降序"选项，单击"确定"按钮，如图8-6所示。

图8-6

04 返回WPS表格，此时表格数据在根据D列中"姓名"的拼音首字母进行升序排列的基础上，按照"入职时间"的数值进行了降序排列，效果如图8-7所示。

图8-7

8.1.3　自定义排序

数据的排序方式除了按照数值大小和拼音首字母顺序外，还会涉及一些特殊的顺序，如"岗位""部门""基本工资"等，此时就可以用自定义排序。

对工作表中的数据进行自定义排序的具体操作步骤如下。

01 打开工作簿"薪资表"，选中单元格区域A2:Q17，切换至"数据"选项卡，单击功能区中的"排序"按钮，弹出"排序"对话框。在"主要关键字"下拉列表中选择"部门"选项；在"次要关键字"下拉列表中选择"姓名"选项；在"排序依据"下拉列表中选择"数值"选项；在"次序"下拉列表中选择"自定义序列…"选项，如图8-8所示。

图8-8

02 单击"自定义序列"按钮，弹出"自定义序列"对话框，在"自定义序列"列表框中选择"新序列"选项，在"输入序列"文本框中输入"市场1部,市场2部,客服部,财务部,综合办公室"，中间用英文半角状态下的逗号隔开，设置完成后单击"添加"按钮，如图8-9所示。

03 此时新定义的序列"市场1部,市场2部,客服部,财务部,综合办公室"就添加在"输入序列"列表框中，单击"确定"按钮，如图8-10所示。

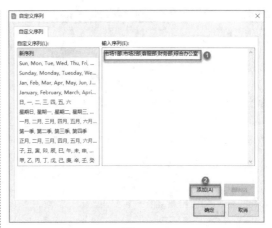

图8-9

图8-10

04 返回"排序"对话框，此时，第一个排序条件中的"次序"下拉列表会自动选择"市场1部,市场2部,客服部,财务部,综合办公室"选项，单击"确定"按钮，如图8-11所示。

图8-11

05 返回WPS表格，排序效果如图8-12所示。

图8-12

图8-13

8.2 数据的筛选

WPS 表格提供了 3 种数据的筛选方法，即自动筛选、自定义筛选和高级筛选。

8.2.1 自动筛选

自动筛选一般用于简单的条件筛选，筛选时将不满足条件的数据暂时隐藏，只显示符合条件的数据。

对工作表中的数据进行自动筛选的具体操作步骤如下。

一、指定数据的筛选

01 打开工作簿"薪资表"，选中单元格区域A2:Q17，切换至"数据"选项卡，单击功能区中的"自动筛选"按钮，进入筛选状态，此时，各标题字段的右侧会出现一个下拉按钮，单击标题字段"部门"右侧的下拉按钮，如图8-13所示。

02 在弹出的下拉列表中，取消选中"市场1部"和"市场2部"前的复选按钮，单击"确定"按钮，如图8-14所示。

03 返回WPS表格，筛选效果如图8-15所示。

图8-14

图8-15

二、指定条件的筛选

01 选中单元格区域A2:Q17，切换至"数据"选项卡，单击功能区中的"自动筛选"按钮，撤销之前的筛选。再次单击功能区中的"自动筛选"按钮，重新进入筛选状态，然后单击标题字段"基本工资"右侧的下拉按钮，如图8-16所示。

图8-16

02 在弹出的下拉列表中，单击"前十项"按钮，如图8-17所示。

图8-17

03 弹出"自动筛选前10个"对话框，将显示条件设置为最大5项，单击"确定"按钮，如图8-18所示。

图8-18

04 返回WPS表格，筛选效果如图8-19所示。

图8-19

8.2.2 自定义筛选

在对表格数据进行自定义筛选时，用户可以设置多个筛选条件。

自定义筛选的具体步骤如下。

01 打开工作簿"薪资表"，选中单元格区域A2:Q17，切换至"数据"选项卡，单击功能区中的"自动筛选"按钮，进入筛选状态，此时，各标题字段的右侧会出现一个下拉按钮，单击标题字段"出勤天数"右侧的下拉按钮，如图8-20所示。

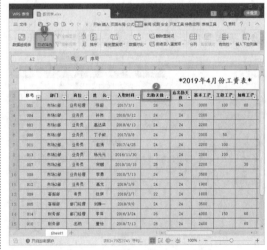

图8-20

02 在弹出的下拉列表中，单击"数字筛选"按钮，在展开的列表中选择"自定义筛选"选项，如图8-21所示。

图8-21

03 弹出"自定义自动筛选方式"对话框,将"显示行"条件设置为出勤天数大于或等于1与小于24,单击"确定"按钮,如图8-22所示。

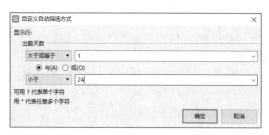

图8-22

04 返回WPS表格,筛选效果如图8-23所示。

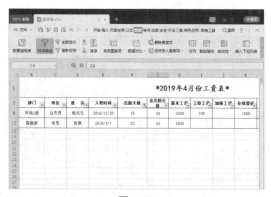

图8-23

8.2.3 高级筛选

高级筛选一般用于条件较复杂的筛选操作,其筛选的结果可显示在原数据表格中,

不符合条件的数据被隐藏;也可以在新的位置显示筛选结果,不符合条件的数据同时保留在数据表中而不会被隐藏,这样更加便于进行数据比对。

对数据进行高级筛选的具体操作步骤如下。

01 打开工作簿"薪资表",切换至"数据"选项卡,单击功能区中的"自动筛选"按钮,撤销之前的筛选,然后在不包含数据的区域内输入一个筛选条件,如在单元格F19中输入"出勤天数",在单元格F20中输入">24",如图8-24所示。

图8-24

02 将光标定位在数据区域的任意一个单元格中,单击功能区中"高级筛选"组的对话框启动器按钮,如图8-25所示。

图8-25

03 弹出"高级筛选"对话框，在"方式"选项组中选中"在原有区域显示筛选结果"前的单选按钮，用户可以在"列表区域"文本框内看到之前使用过的数据区域，然后单击"条件区域"文本框右侧的折叠按钮，如图8-26所示。

"全部显示"按钮，撤销之前的筛选，如图8-30所示。

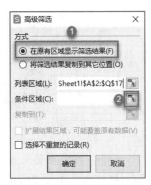

图8-26

图8-28

04 弹出"高级筛选"条件区域对话框，然后在工作表中选中条件区域F19:F20，选择完毕，单击展开按钮，如图8-27所示。

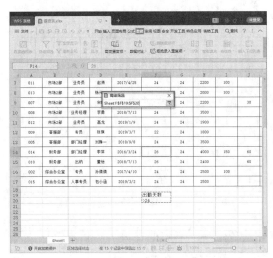

图8-27

图8-29

05 返回"高级筛选"对话框，此时"条件区域"文本框中显示出条件区域的范围，单击"确定"按钮，如图8-28所示。

06 返回WPS表格，筛选结果如图8-29所示。

07 按照同样的方法，可以在不包含数据的区域内输入多个筛选条件。单击功能区中的

图8-30

08 返回WPS表格，效果如图8-31所示。

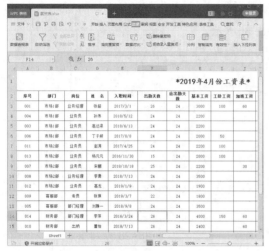

图8-31

8.3 数据的分类汇总

分类汇总是按某一字段的内容进行分类，并对每一类统计出相应的结果数据。

8.3.1 创建分类汇总

创建分类汇总之前，要对工作表中的数据进行排序。

创建分类汇总的具体操作步骤如下。

01 打开工作簿"薪资表"，选择单元格区域A2:Q17，切换至"数据"选项卡，单击功能区中的"排序"按钮，如图8-32所示。

图8-32

02 弹出"排序"对话框，选中"数据包含标题"前的复选按钮，然后在"主要关键字"下拉列表中选择"部门"选项，在"排序依据"下拉列表中选择"数值"选项，在"次序"下拉列表中选择"降序"选项，单击"确定"按钮，如图8-33所示。

图8-33

03 返回WPS表格，此时表格数据即可根据B列中"部门"的拼音首字母进行降序排序，如图8-34所示。

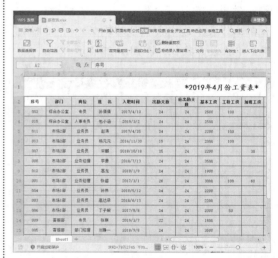

图8-34

04 切换至"数据"选项卡，单击功能区中的"分类汇总"按钮，如图8-35所示。

05 弹出"分类汇总"对话框，在"分类字段"下拉列表中选择"部门"选项，在"汇总方式"下拉列表中选择"求和"选项，在"选定汇总项"列表框中选中"实发工资"前的复选按钮，选中"替换当前分类汇总"和"汇总结果显示在数据下方"前的复选按钮，单击"确定"按钮，如图8-36所示。

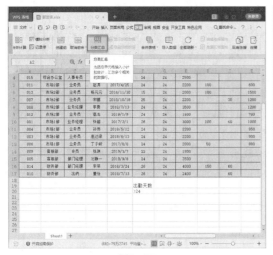

图8-35

图8-36

06 返回WPS表格，分类汇总结果如图8-37所示。

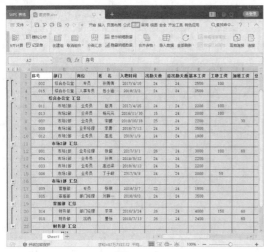

图8-37

8.3.2 删除分类汇总

如果用户不再需要将工作表中的数据以分类汇总的方式显示，则可将创建的分类汇总删除。

删除分类汇总的具体操作步骤如下。

01 打开工作簿"薪资表"，将光标定位在数据区域的任意一个单元格中，切换至"数据"选项卡，单击功能区中的"分类汇总"按钮，如图8-38所示。

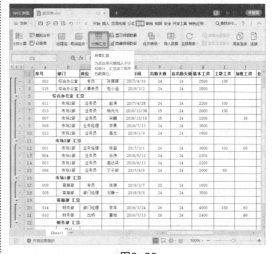

图8-38

02 弹出"分类汇总"对话框，单击"全部删除"按钮，如图8-39所示。

图8-39

03 单击"确定"按钮，返回WPS表格，此时即可将创建的分类汇总全部删除，工作表恢复到分类汇总前的状态，如图8-40所示。

图8-40

8.4 高手过招——
隐藏单元格中的数据

在日常工作中，有时需要将单元格中的数据隐藏，此时可以通过自定义单元格格式隐藏单元格区域中的内容。

01 打开工作簿"薪资表"，选中要隐藏数据的单元格区域，切换至"开始"选项卡，单击功能区中"单元格格式：对齐方式"组的对话框启动器按钮，如图8-41所示。

图8-41

02 弹出"单元格格式"对话框，切换至"数字"选项卡，在"分类"列表框中选择"自定义"选项，在"类型"文本框内输入";;;"。此处的3个分号是在英文半角状态下输入的，表示单元格数字的自定义格式是由正数、负数、零和文本4个部分组成，这4个部分用3个分号分割。哪个部分空，相应的内容就会在单元格中显示。此时都空，所有选中区域中的内容就全部隐藏，单击"确定"按钮，如图8-42所示。

图8-42

03 返回WPS表格，选中区域的数据就被隐藏了，如图8-43所示。

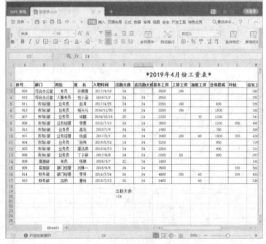

图8-43

第 9 章

数据的处理与分析

WPS表格提供了强大的数据处理与分析功能。第8章介绍了数据的部分功能，包括数据的排序、数据的筛选和数据的分类汇总，本章将继续介绍数据的处理和分析功能，包括对多个工作表中的数据进行合并计算和使用单变量求解寻求公式中的特定解两个功能和数据有效性的应用。

9.1 合并计算

合并计算功能通常用于对多个工作表中的数据进行计算汇总，并将多个工作表中的数据合并到一个工作表中。合并计算分为按分类合并计算和按位置合并计算两种。

9.1.1 按分类合并计算

对工作表中的数据按分类合并计算的具体操作步骤如下。

01 打开工作簿"超市上货单"，切换至工作表"市中店"中，选中单元格区域C3:E11，切换至"公式"选项卡，单击功能区中的"名称管理器"按钮，如图9-1所示。

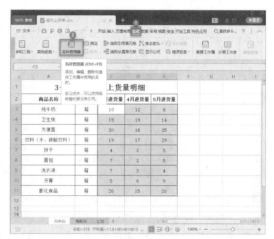

图9-1

02 弹出"名称管理器"对话框，单击"新建"按钮，如图9-2所示。

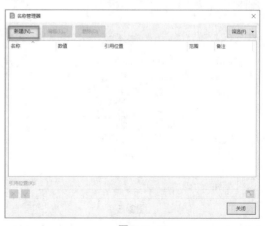

图9-2

03 弹出"新建名称"对话框，可在"引用位置"文本框中看到选中的单元格区域，在"名称"文本框中输入"市中店"，单击"确定"按钮，如图9-3所示。

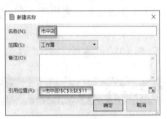

图9-3

04 返回"名称管理器"对话框，单击"关闭"按钮即可，如图9-4所示。

图9-4

05 返回WPS表格，切换至工作表"高新店"，选中单元格区域C3:E11，切换至"公式"选项卡，单击功能区中的"名称管理器"按钮，如图9-5所示。

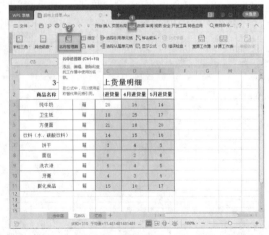

图9-5

06 弹出"名称管理器"对话框，单击"新建"按钮，弹出"新建名称"对话框，可在"引用位置"文本框中看到选中的单元格区域，在"名称"文本框中输入"高新店"，单击"确定"按钮，如图9-6所示。

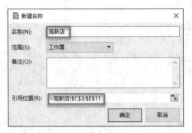

图9-6

07 返回"名称管理器"对话框，可在列表框中看到新建的名称，单击"关闭"按钮即可，如图9-7所示。

图9-7

08 返回WPS表格，切换至工作表"汇总"，然后选中单元格C3，切换至"数据"选项卡，单击功能区中的"合并计算"按钮，如图9-8所示。

09 弹出"合并计算"对话框，在"引用位置"文本框中输入之前定义的名称"市中店"，然后单击"添加"按钮，如图9-9所示。

10 即可将其添加到"所有引用位置"列表框中，如图9-10所示。

图9-8

图9-9

图9-10

⑪ 使用同样的方法，在"引用位置"文本框中输入之前定义的名称"高新店"，然后单击"添加"按钮，将其添加到"所有引用位置"列表框中，单击"确定"按钮，如图9-11所示。

图9-11

⑫ 返回工作表，即可看到合并计算结果，如图9-12所示。

图9-12

9.1.2 按位置合并计算

对工作表中的数据按位置合并计算的具体操作步骤如下。

① 清除之前的计算结果和引用位置。切换至工作表"汇总"，选中单元格区域C3:E11，切换至"开始"选项卡，单击功能区中"格式"按钮，在弹出的下拉菜单中选择"清除"命令，在弹出的子菜单中选择"内容"命令，如图9-13所示。

② 选中区域的内容就被清除了，然后切换至"数据"选项卡，单击功能区中的"合并计算"按钮，如图9-14所示。

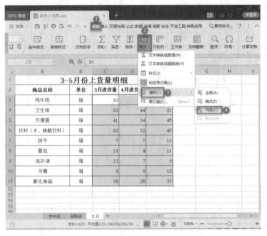

图9-13

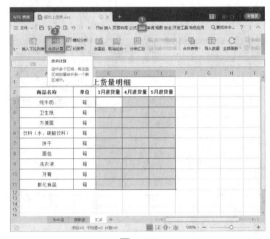

图9-14

03 弹出"合并计算"对话框，在"所有引用位置"列表框中选择"市中店"选项，然后单击"删除"按钮即可删除该选项，如图9-15所示。

图9-15

04 使用同样的方法，将"所有引用位置"列表框中的所有选项删除，然后单击"引用位置"右侧的折叠按钮，如图9-16所示。

图9-16

05 弹出"合并计算-引用位置："对话框，然后在工作表"市中店"中选中单元格区域C3:E11，然后单击对话框右侧的展开按钮，如图9-17所示。

图9-17

06 返回"合并计算"对话框，单击"添加"按钮，即可将其添加到"所有引用位置"列表框中，如图9-18所示。

07 使用同样的方法设置引用位置"高新店!$C$3:$E$11"，并将其添加到"所有引用位置"列表框中，设置完毕后，单击"确定"按钮，如图9-19所示。

图9-18

图9-19

08 返回工作表，即可看到合并计算结果，如图9-20所示。

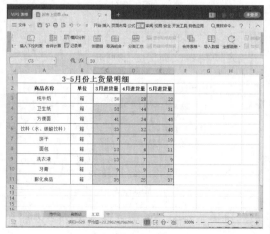

图9-20

9.2 单变量求解

使用单变量求解能够通过调节变量的数值，按照给定的公式求出目标值。

例如，公司规定的业绩奖金比率是5%，求市场1部和市场2部业绩总额达到多少才能拿到10 000元的奖金。

单变量求解的具体操作步骤如下。

01 打开工作簿"4-5月业绩表"，切换至工作表"汇总"，在表中输入单变量求解需要的数据，并进行格式设置，如图9-21所示。

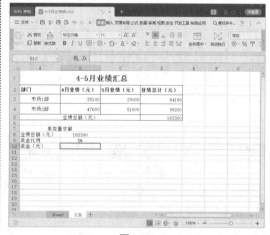

图9-21

02 奖金＝业绩总额×奖金比例，因此，在单元格B10中输入公式"=B8*B9"，如图9-22所示。

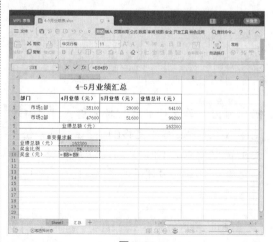

图9-22

03 输入完毕后按"Enter"键，即可求出市场部的奖金，如图9-23所示。

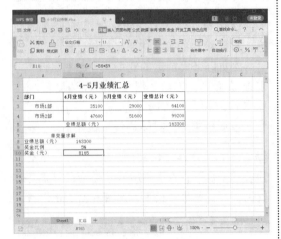

图9-23

04 切换至"数据"选项卡，单击功能区中"模拟分析"扩展按钮，然后在弹出的下拉菜单中选择"单变量求解"命令，如图9-24所示。

图9-24

05 弹出"单变量求解"对话框，"目标单元格"已选中目标单元格B10，在"目标值"文本框中输入"10000"，然后单击"可变单元格"文本框右侧的折叠按钮，如图9-25所示。

06 弹出"单变量求解-可变单元格"对话框，然后在工作表中选中可变单元格B8，选

择完毕后单击文本框右侧的展开按钮，如图9-26所示。

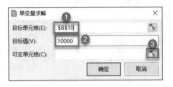

图9-25

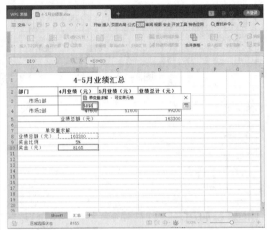

图9-26

07 返回"单变量求解"对话框，单击"确定"按钮，如图9-27所示。

图9-27

08 弹出"单变量求解状态"对话框，单击"确定"按钮，如图9-28所示。

图9-28

09 返回工作表，即可在单元格B8中看到最终求解结果，如图9-29所示。

图9-29

9.3 数据有效性的应用

在日常工作中经常会用到 WPS 表格的数据有效性功能。数据有效性是一种用于定义可以在单元格中输入或者应该在单元格中输入的数据的功能。设置数据有效性有利于提高工作效率，避免非法数据的录入。

使用数据有效性的具体步骤如下。

01 打开工作簿"薪资表"，切换至工作表"Sheet1"，选中单元格B3，切换至"数据"选项卡，单击功能区中的"数据有效性"按钮，如图9-30所示。

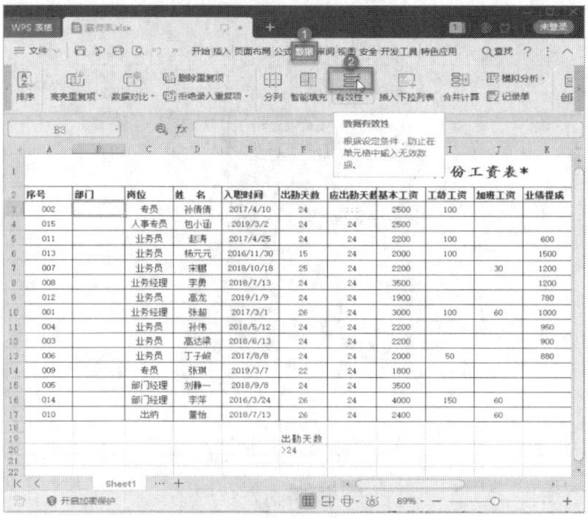

图9-30

02 弹出"数据有效性"对话框，在"允许"下拉列表中选择"序列"选项，然后在"来源"文本框中输入"综合办公室,市场1部,市场2部,客服部,财务部"，中间用英文半角状态的逗号隔开，设置完毕后，单击"确定"按钮，如图9-31所示。

图9-31

03 返回工作簿，此时单元格B3的右侧出现了一个下拉按钮，单击该下拉按钮，即可弹出下拉列表，在下拉列表中选择一个选项，如"综合办公室"输入至单元格中，如图9-32所示。

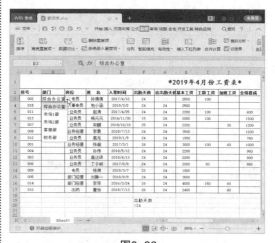

图9-32

04 将鼠标指针移动至单元格B3的右下角，鼠标指针变成"+"形状，按住鼠标左键不放，向下拖动至单元格B17，然后单击单元格区域右下角的下拉按钮，在弹出的下拉列表中选择"仅填充格式"选项，如图9-33所示。

05 用户可以看到选中的单元格区域中，每个单元格右侧都会出现一个下拉按钮，如图9-34所示。

图9-33

9.4 高手过招——组合键巧求和

如果要对某一行或某一列的数据进行求和，可以通过组合键来实现。

01 打开工作簿"4-5月业绩表"，切换至工作表"Sheet1"，选中要填充求和结果的单元格D13，然后按"Alt+="组合键，即可在选中单元格中输入求和公式，并自动选中求和区域，如图9-36所示。

图9-36

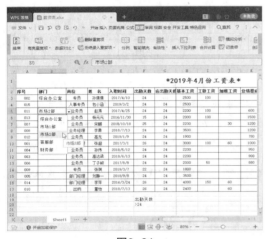

图9-34

06 使用同样的方法在其他单元格中利用下拉列表快速输入部门，如图9-35所示。

02 按"Enter"键，即可输出求和值，如图9-37所示。

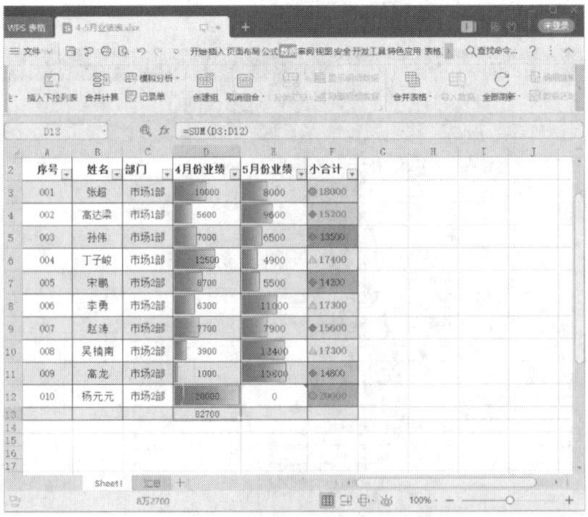

图9-35

图9-37

第 10 章

图表与数据透视表的应用

第9章介绍了数据的处理与分析功能，包括对多个工作表中的数据进行合并计算和使用单变量求解寻求公式中的特定解。本章将介绍WPS表格的图表和数据透视表的应用，包括创建图表、美化图表、创建其他图表类型、创建数据透视表、创建数据透视图等。

10.1　图表的应用

图表的本质，是将枯燥的数字展现为生动的图像，以帮助理解和记忆，WPS表格为用户提供了多种类型的图表来展示数据，如柱形图、折线图、饼图、条形图和面积图等。

10.1.1　创建图表

在WPS表格中创建图表的方法非常简单，因为系统自带了很多图表类型，用户只需根据实际需要进行选择即可。创建图表后，用户还可以设置图表布局，主要包括调整图表大小和位置、设计图表布局和设计图表样式。

一、插入图表

插入图表的具体操作步骤如下。

打开工作簿"4-5月业绩表"，切换至工作表"4月份业绩"，选中单元格区域C2:D11，切换至"插入"选项卡，单击功能区中"插入柱形图"按钮，在弹出的下拉菜单中选择"簇状柱形图"命令，如图10-1所示。

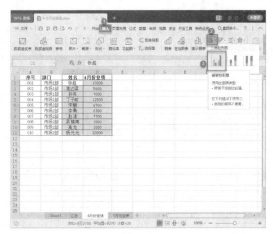

图10-1

即可在工作表中插入一个簇状柱形图，如图10-2所示。

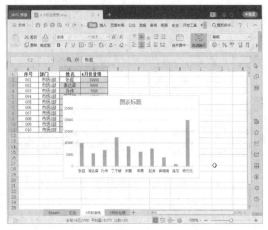

图10-2

此外，WPS表格还有"在线图表"功能，用户可以根据需要选择柱形图模板。其具体操作步骤如下。

01 选中单元格区域C2:D11，切换至"插入"选项卡，单击功能区中的"在线图表"按钮，如图10-3所示。

图10-3

02 弹出"在线图表"对话框，用户可以在"推荐"选项卡中选择合适的柱形图模板，也可以在"柱形图"选项卡中选择合适的柱形图模板，如图10-4所示。

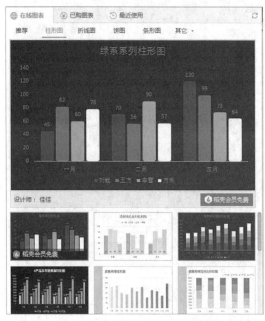

图10-4

二、调整图表大小和位置

为了使图表显示在工作表中的合适位置，用户可以对其大小和位置进行调整，具体的操作步骤如下。

01 选中要调整大小的图表，此时图表的四周会出现8个控制点，将鼠标指针移动至图表的右下角，此时鼠标指针会改变形状，按住鼠标左键向左上或向右下拖动图表，拖动至合适的大小后释放鼠标左键即可，如图10-5所示。

图10-5

02 将鼠标指针移动至要调整位置的图表上，此时鼠标指针会改变形状，按住鼠标左键不放并拖动图表，如图10-6所示。

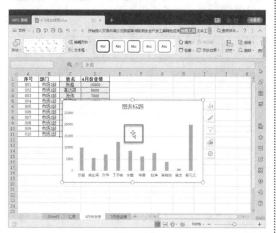

图10-6

03 拖动到合适的位置后释放鼠标左键即可。

三、设计图表布局

如果用户对图表布局不满意，也可以进行设计。设计图表布局的具体操作步骤如下。

选中图表，切换至"图表工具"选项卡，单击功能区中的"快速布局"按钮，在弹出的下拉菜单中选择"布局3"命令，如图10-7所示。

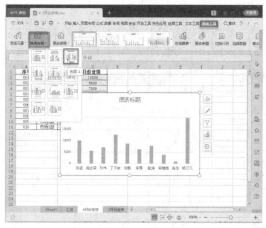

图10-7

即可将所选的布局应用到图表中，效果如图10-8所示。

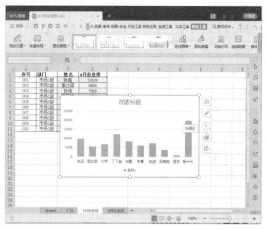

图10-8

四、设计图表样式

WPS表格为用户提供了图表样式，用户可以从中选择合适的样式，以便美化图表。设计图表样式的具体操作步骤如下。

01 选中创建的图表，切换至"图表工具"选项卡，单击功能区中"图表样式"组的其他按钮，如图10-9所示。

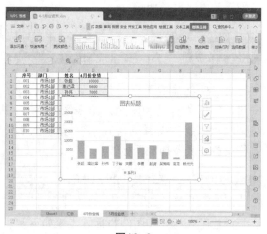

图10-9

02 在展开的列表中选择"样式6"，如图10-10所示。

即可将所选的图表样式应用到图表中，效果如图10-11所示。

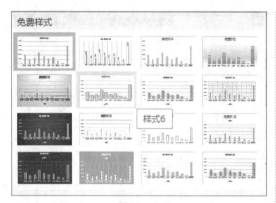

图10-10

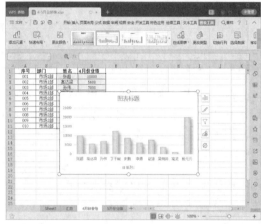

图10-11

10.1.2 美化图表

为了使创建的图表看起来更加美观，用户可以对图表标题和图例、图表区域格式、绘图区格式、数据系列格式、坐标轴格式等进行设置以及添加数据标签。

一、设置图表标题和图例

设置图表标题和图例的具体步骤如下。

01 将图表标题修改为"4月份业绩"，选中图表标题，切换至"开始"选项卡，在"字体"下拉列表中选择"黑体"选项，在"字号"下拉列表中选择"18"选项，然后单击"加粗"按钮，如图10-12所示。

02 选中图表，切换至"图表工具"选项卡，单击功能区中的"添加元素"按钮，在弹

出的下拉菜单中选择"图例"命令，在弹出的子菜单中选择"无"命令，如图10-13所示。

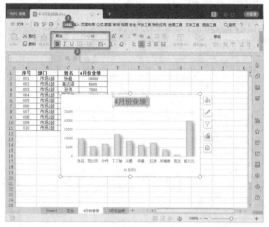

图10-12

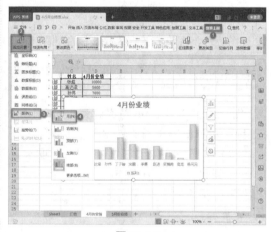

图10-13

03 返回WPS表格，此时，原有的图例被隐藏，如图10-14所示。

图10-14

二、设置图表区域格式

设置图表区域格式的具体操作步骤如下。

01 选中整个图表区，然后单击右侧的"设置图表区域格式"按钮，如图10-15所示。

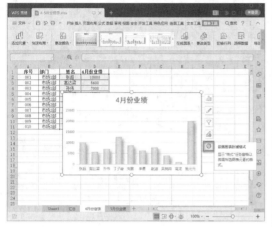

图10-15

02 弹出"属性"任务窗格，切换至"图表选项"选项卡，单击"填充与线条"按钮，在"填充"选项组中选中"纯色填充"前的单选按钮，然后单击"填充"下拉按钮，如图10-16所示。

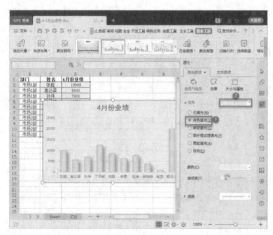

图10-16

03 在弹出的下拉列表中选择"主题颜色"下的"道奇蓝，背景2，深色10%"选项，如图10-17所示。

图10-17

04 单击"关闭"按钮，返回工作表，设置效果如图10-18所示。

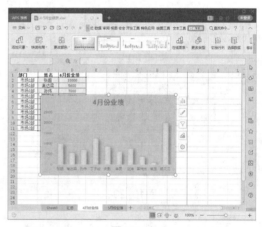

图10-18

三、设置绘图区格式

设置绘图区格式的具体操作步骤如下。

01 选中绘图区，然后单击鼠标右键，在弹出的快捷菜单中选择"设置绘图区格式"命令，如图10-19所示。

02 弹出"属性"任务窗格，单击"填充与线条"按钮，在"填充"选项组中选中"渐变填充"前的单选按钮，然后单击"填充"下拉按钮，如图10-20所示。

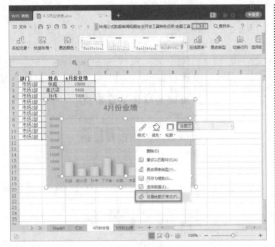

图10-19

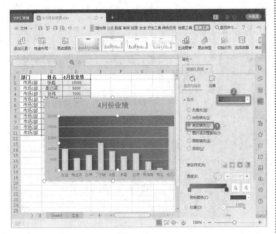

图10-20

03 在弹出的下拉列表中选择"渐变填充"下的"浅绿-暗橄榄绿渐变"选项，如图10-21所示。

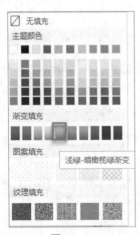

图10-21

04 单击"渐变样式"中的"线性渐变"按钮，在展开的列表中选择"右上到左下"，在"角度"微调框中输入"140.0°"，设置"位置"为"25%"，如图10-22所示。

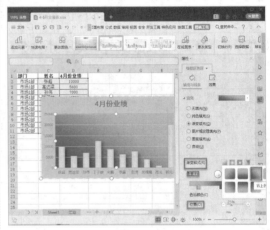

图10-22

05 单击"关闭"按钮，返回工作表，设置效果如图10-23所示。

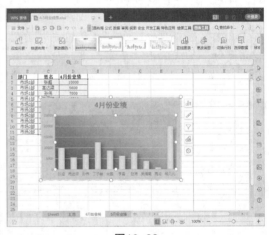

图10-23

四、设置数据系列格式

设置数据系列格式的具体操作如下。

01 选中任意一个数据系列，单击鼠标右键，在弹出的快捷菜单中选择"设置数据系列格式"命令，如图10-24所示。

02 弹出"属性"任务窗格，单击"系列"按钮，然后在"系列重叠"微调框中输入

"–50%"，在"分类间距"微调框中输入"50%"，如图10-25所示。

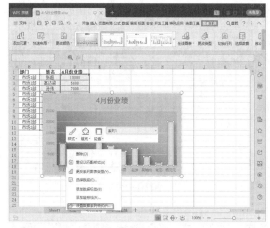

图10-24

图10-25

③　单击"关闭"按钮，返回工作表，设置效果如图10-26所示。

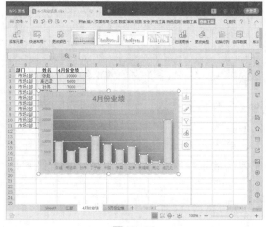

图10-26

五、设置坐标轴格式

设置坐标轴格式的具体操作步骤如下。

①　选中垂直（值）轴，然后单击鼠标右键，在弹出的快捷菜单中选择"设置坐标轴格式"命令，如图10-27所示。

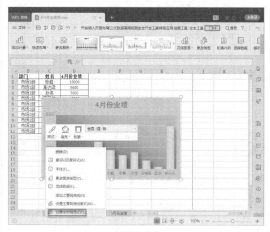

图10-27

②　弹出"属性"任务窗格，切换至"坐标轴选项"选项卡，单击"坐标轴"按钮，在"边界"选项组中的"最大值"文本框中输入"40000"，如图10-28所示。

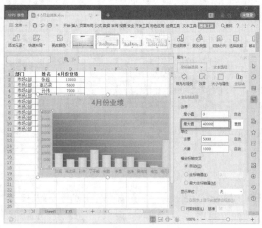

图10-28

③　单击"关闭"按钮，返回工作表，设置效果如图10-29所示。

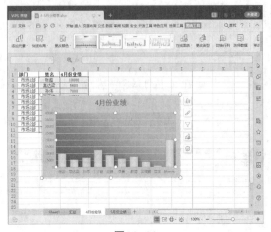

图10-29

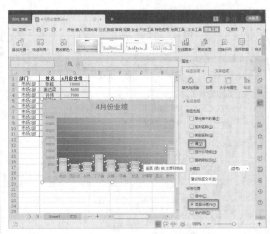

图10-31

六、添加数据标签

01 切换至"图表工具"选项卡，单击功能区中的"添加元素"按钮，在弹出的下拉菜单中选择"数据标签"命令，继续在弹出的子菜单中选择"更多选项…"命令，如图10-30所示。

图10-30

02 弹出"属性"任务窗格，切换至"标签选项"选项卡，单击"标签"按钮，在"标签包括"选项组中选中"值"前的复选按钮，在"标签位置"选项组中选中"数据标签内"前的单选按钮，如图10-31所示。

03 单击"关闭"按钮，返回工作表，设置效果如图10-32所示。

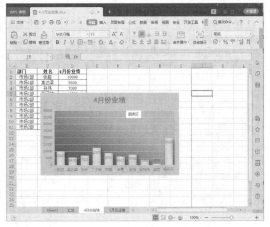

图10-32

10.1.3 创建其他图表类型

在实际工作中，除了经常使用柱形图以外，还会用到折线图、饼图、条形图、面积图、雷达图等图表类型。

一、创建折线图

切换至工作表"5月份业绩"，选中单元格区域 C2:D11，然后切换至"插入"选项卡，单击功能区中的"插入折线图"按钮，在弹出的下拉菜单中选择任意一种折线图模板，如图 10-33 所示。

插入的折线图如图 10-34 所示。

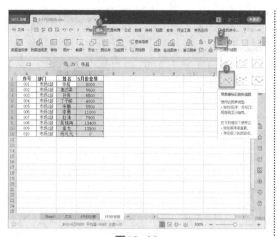

图10-33

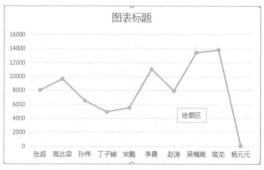

图10-34

二、创建饼图

选中单元格区域 C2:D11，切换至"插入"选项卡，单击功能区中的"插入饼图或圆环图"按钮，在弹出的下拉菜单中选择任意一种饼图模板，如图 10-35 所示。

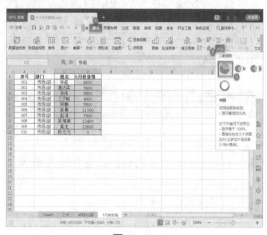

图10-35

插入的饼图效果如图 10-36 所示。

图10-36

三、创建条形图

选中单元格区域 C2:D11，然后切换至"插入"选项卡，单击功能区中的"插入条形图"按钮，在弹出的下拉菜单中选择"簇状条形图"命令，如图 10-37 所示。

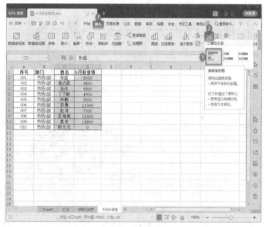

图10-37

插入的条形图效果如图 10-38 所示。

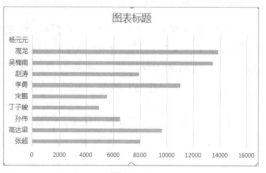

图10-38

四、创建面积图

选中单元格区域 C2:D11，然后切换至"插入"选项卡，单击功能区中的"插入面积图"按钮，在弹出的下拉菜单中选择任意一种面积图模板，如图 10-39 所示。

图10-39

插入的面积图效果如图 10-40 所示。

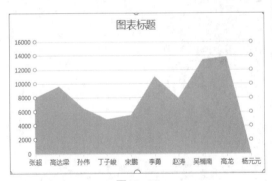

图10-40

五、创建雷达图

选中单元格区域 C2:D11，然后切换至"插入"选项卡，单击功能区中的"插入雷达图"按钮，在弹出的下拉菜单中选择任意一种雷达图模板，如图 10-41 所示。

插入的雷达图效果如图 10-42 所示。

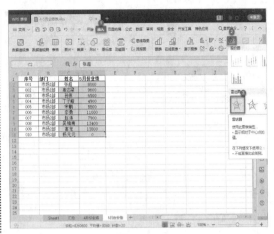

图10-41

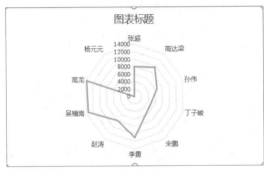

图10-42

10.2 数据透视表的应用

在 WPS 表格中可以使用数据透视表对数据进行排序、筛选、分类汇总等分析操作，以多种不同方式展示数据的特性。数据透视表是搞定分类汇总表的专家。

10.2.1 创建数据透视表

数据透视表是自动生成分类汇总表的工具，可以根据原始数据表的数据内容及分类，按不同角度、不同层次、不同的汇总方式，得到不同的汇总结果。

创建数据透视表的具体操作步骤如下。

01　打开工作簿"薪资表"，选中单元格区域 A2:Q17，切换至"插入"选项卡，单击功能区中的"数据透视表"按钮，如图10-43所示。

图10-43

02　弹出"创建数据透视表"对话框，此时"请选择单元格区域"文本框中显示了所选的单元格区域，然后在"请选择放置数据透视表的位置"选项组中选中"新工作表"前的单选按钮，设置完成后，单击"确定"按钮，如图10-44所示。

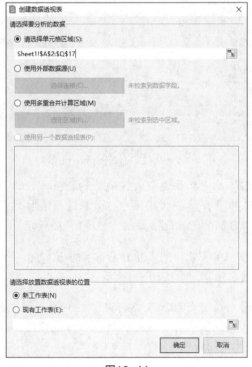

图10-44

03　此时系统会自动在新的工作表中创建一个数据透视表的基本框架，并弹出"数据透视表"任务窗格，如图10-45所示。

图10-45

04　在"数据透视表"任务窗格中进行设置，在"将字段拖动至数据透视表区域"列表框中选中"姓名"前的复选按钮，此时"姓名"字段会自动添加到"行"列表框中，如图10-46所示。

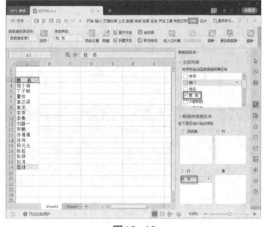

图10-46

用户可以在工作表中看到"姓名"列表框，如图 10-47 所示。

05　在"部门"字段上单击鼠标右键，在弹出的快捷菜单中选择"添加到报表筛选"命令，即可将"部门"字段添加到"筛选器"列表框中，如图10-48所示。

班工资""业绩提成""补贴""应发工资""代扣保险""缺勤扣款""实发工资"前的复选按钮，即可将上述选项添加至"值"列表框中，效果如图10-50所示。

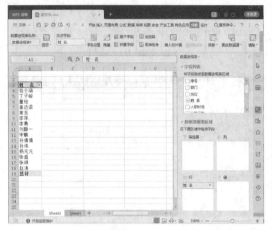

图10-47

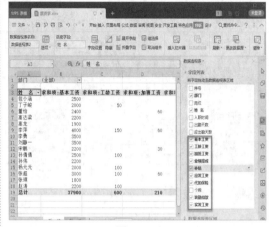

图10-50

07 单击"关闭"按钮，效果如图10-51所示。

图10-48

添加筛选器后的效果如图 10-49 所示。

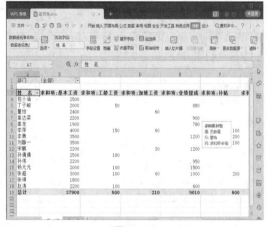

图10-51

08 选中数据透视表区域，切换至"设计"选项卡，单击功能区中"数据透视表样式"组右侧的"其他"按钮，如图10-52所示。

09 在展开的列表中选择"数据透视表样式浅色10"，如图10-53所示。

10 在首行插入表格标题"2019年4月工资单"，然后对表格进行简单的格式设置，如图10-54所示。

图10-49

06 选中"基本工资""工龄工资""加

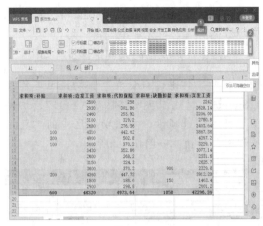

图10-52

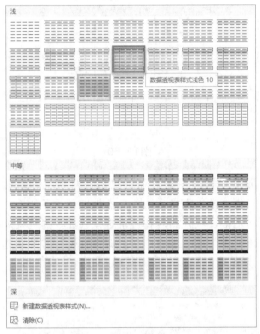

图10-53

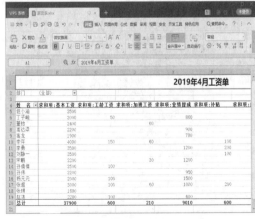

图10-54

11 如果用户要进行报表筛选，可以单击单元格B2右侧的下拉按钮，在弹出的下拉列表中选择"市场1部"，单击"仅筛选此项"或"选择多项"按钮，单击"确定"按钮，如图10-55所示。

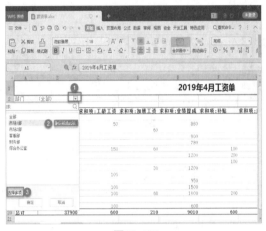

图10-55

筛选效果如图 10-56 所示。此时单元格B2 右侧的下拉按钮变为筛选按钮。

图10-56

12 如果用户要根据行标签查询相关人员的工资信息，可以单击单元格A4"姓名"右侧的下拉按钮，如图10-57所示。

13 在弹出的下拉列表中取消选中"全部"前的复选按钮，然后选中"董怡""高龙""李勇"前的复选按钮，单击"确定"按钮，如图10-58所示。

图10-57

图10-58

查询效果如图 10-59 所示。

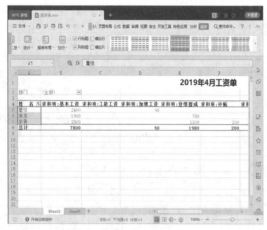

图10-59

10.2.2 创建数据透视图

数据透视图是数据透视表内数据的一种

表现方式，是通过图形的方式直观、形象地
展示数据。

创建数据透视图的具体操作步骤如下。

01 打开工作簿"薪资表"，切换至工作表
"Sheet1"，选中单元格区域A2:Q17，切换
至"插入"选项卡，单击功能区中的"数据
透视图"按钮，如图10-60所示。

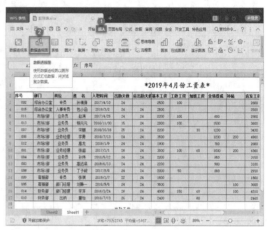

图10-60

02 弹出"创建数据透视图"对话框，此时
"请选择单元格区域"文本框中显示了所选的
单元格区域，然后在"请选择放置数据透视表
的位置"选项组中选中"新工作表"前的单选
按钮，单击"确定"按钮，如图10-61所示。

图10-61

03 此时系统会自动在新的工作表中创建一个数据透视表和一个数据透视图的基本框架，并弹出"数据透视图"任务窗格，如图10-62所示。

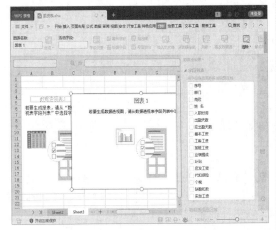

图10-62

04 在"将字段拖动至数据透视图区域"列表框中选中"姓名"和"基本工资"前的复选按钮，此时，"姓名"字段会自动添加到"轴（类别）"列表框中，"基本工资"字段会自动添加到"值"列表框中，如图10-63所示。

图10-63

05 单击"关闭"按钮关闭"数据透视图"任务窗格，此时即可生成数据透视表和数据透视图，如图10-64所示。

图10-64

06 在数据透视图中输入图表标题"4月薪资分析图"，效果如图10-65所示。

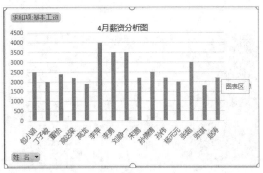

图10-65

07 对图表标题、图表区域、绘图区以及数据系列格式进行设置后，效果如图10-66所示。

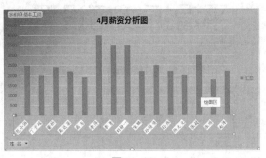

图10-66

08 如果用户要进行手动筛选，可以单击"姓名"右侧的下拉按钮，在弹出的下拉列表中选中要筛选的姓名前的复选按钮，单击"确定"按钮，如图10-67所示。

图10-67

⑨ 返回工作表，筛选效果如图10-68所示。

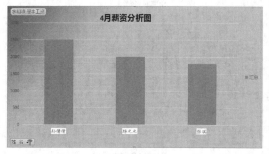

图10-68

10.3 高手过招——平滑折线巧设置

使用折线制图时，用户可以通过设置平滑拐点使其看起来更加美观。

① 选中要修改格式的"折线"系列，然后单击鼠标右键，在弹出的快捷菜单中选择"设置数据系列格式"命令，如图10-69所示。

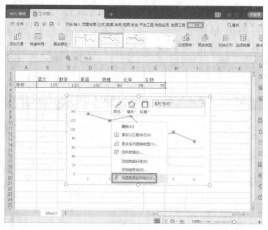

图10-69

② 弹出"属性"任务窗格，单击"系列"按钮，然后选中"平滑线"前的复选按钮，如图10-70所示。

图10-70

③ 单击"关闭"按钮，返回工作表，设置效果如图10-71所示。

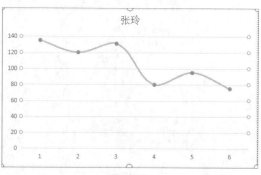

图10-71

第 11 章

11/

公式与函数的应用

前面几章介绍了WPS表格的数据处理与分析功能、图表和数据透视表的应用等。除此之外，WPS表格还具有强大的计算能力，熟练使用WPS表格的公式与函数功能可以完成复杂的计算，为用户的日常工作节省时间、提高工作效率。本章主要介绍公式与函数的应用，包括认识WPS表格公式、公式的应用、函数的应用等。

11.1 认识 WPS 表格公式

在应用 WPS 表格公式计算之前，要先了解运算符的类别、公式的运算顺序和单元格引用的类型，这样能更好地应用 WPS 表格公式。

11.1.1 运算符

运算符是公式中各个运算对象的纽带。WPS 表格中的运算符分 4 类：算术运算符、比较运算符、文本运算符和引用运算符。下面将一一介绍。

一、算术运算符

算术运算符能完成基本的数学运算，包括加、减、乘、除和百分比等，如表 11-1 所示。

表 11-1

算术运算符	含　义	举　例
+（加号）	加法	A1+B1
−（减号）	减法	A1−B1
*（乘号）	乘法	A1*B1
/（除号）	除法	A1/B1
%（百分号）	百分比	1%
^（脱字号）	乘幂	2^3=8

二、比较运算符

比较运算符用于比较两个值，满足条件返回逻辑值 TRUE，未满足条件则返回逻辑值 FALSE。比较运算符包括大于、小于、等于、不等于等，如表 11-2 所示。

表 11-2

比较运算符	含　义	举　例
>（大于号）	大于	A1>B1
<（小于号）	小于	A1<B1
=（等于号）	等于	A1=B1
>=（大于或等于号）	大于或等于	A1>=B1
<=（小于或等于号）	小于或等于	A1<=B1
<>（不等于号）	不等于	A1<>B1

三、文本运算符

文本运算符是用&(和号)连接多个文本，生成一个连续的文本，包括和号，如表 11-3 所示。

表 11-3

文本运算符	含　义	举　例
&（和号）	将多个文本连接为一个连续的文本	"WPS" & "2019" 的结果是 WPS2019

四、引用运算符

引用运算符主要运用在工作表中进行单元格或区域之间的引用，包括冒号、逗号和空格等，如表 11-4 所示。

表 11-4

引用运算符	含　义	举　例
:（冒号）	区域运算符	A1:A10
,（逗号）	联合运算符	SUM(A1:A10,B1:B10)
（空格）	交叉运算符	A1:A10 B1:B10

11.1.2　公式的运算顺序

在执行运算时，公式的运算是遵循特定的先后顺序的。公式的运算顺序不同，得到的计算结果也不同。

通常情况下，公式从左向右进行运算。如果公式中只有相同优先级的运算符时，按

照从左到右进行运算。如果公式包含多个运算符，则要按照一定的次序来运算。运算符的优先级顺序，如表 11-5 所示。

表 11-5

运算符	说明	优先级
:	引用运算符	高
（单个空格）	引用运算符	
,	引用运算符	
%	百分比	
^	乘幂	
* 和 /	乘号和除号	
+ 和 -	加号和减号	
&	文本运算符	
= 和 <> 等	比较运算符	低

11.1.3　单元格的引用

单元格的引用包括相对引用、绝对引用和混合引用三种。

一、相对引用和绝对引用

单元格的相对引用是基于包含公式和引用的单元格的相对位置而言的。如果公式所在单元格的位置改变，引用也将随之改变，如果多行或多列地复制公式，引用会自动调整。默认情况下，新公式使用相对引用。

单元格中的绝对引用则总是在指定位置引用单元格。如果公式所在单元格的位置改变，绝对引用的单元格也始终保持不变，如果多行或多列地复制公式，绝对引用将不做调整。

下面在工作簿"4-5月业绩表"中介绍两种引用方式。其具体操作步骤如下。

1. 相对引用

01 打开工作簿"4-5月业绩表"，切换至工作表"Sheet1"，选中单元格F3，在其中输入公式"=D3+E3"，此时相对引用了公式中的单元格D3、E3，如图11-1所示。

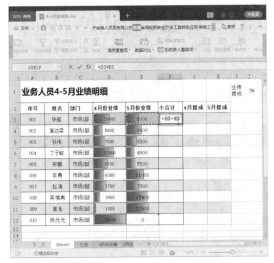

图11-1

图11-3

02 输入完毕按"Enter"键,选中单元格F3,将鼠标指针移动到单元格的右下角,此时鼠标指针变成"+"形状,然后双击,此时公式就填充到选中的单元格区域中了,如图11-2所示。

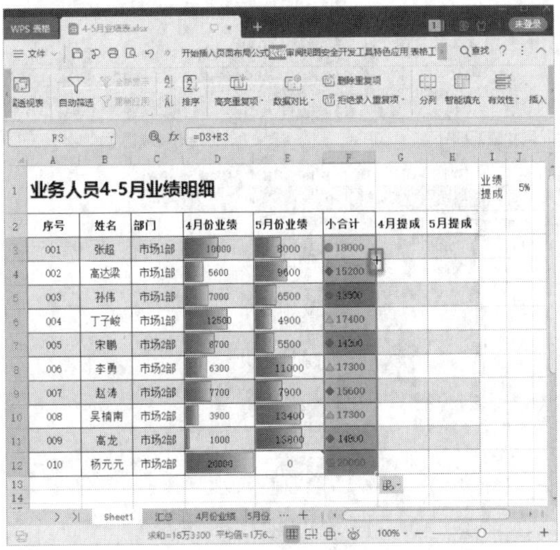

2. 绝对引用

01 选中单元格G3,在其中输入公式"=D3*$J$1",此时引用了公式中的绝对单元格J1,如图11-4所示。

图11-2

图11-4

03 选中单元格F4,可以看到编辑栏中的公式为"=D4+E4",多行或多列地复制公式,随着公式所在单元格的位置改变,引用也将随之改变,如图11-3所示。

02 输入完毕,按"Enter"键即可。选中单元格G3,将鼠标指针移动至单元格的右下角,此时鼠标指针变成"+"形状,双击,此时公式就填充到选中的单元格区域中了,如图11-5所示。

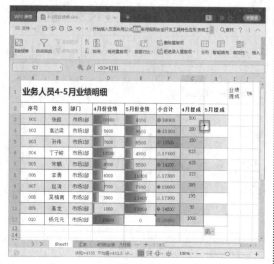

图11-5

03 此时，公式中绝对引用了单元格J1。如果多行或多列地复制公式，公式所在单元格的位置改变，绝对引用的单元格J1始终保持不变，如图11-6所示。

图11-6

二、混合引用

在复制公式时，如果要求行不变但列可变，或者列不变而行可变，那么就要用到混合引用。例如，$A1 表示对 A 列的绝对引用和对第一行的相对引用，而 A$1 则表示对第一行的绝对引用和对 A 列的相对应用。可以根据需求按"F4"键改变引用方式。

11.2 公式的应用

上面介绍了运算符、公式的运算顺序和单元格的引用，下面介绍公式应用的相关操作。

11.2.1 输入公式

用户既可以在单元格中输入公式，也可以在编辑栏中输入。

一、在编辑栏输入

在编辑栏中输入公式的具体操作步骤如下。

01 打开工作簿"4-5月业绩表"，切换至工作表"Sheet1"，选中单元格I3，先输入"="（等号），然后继续输入计算提成的公式"(D3+E3)*$J$1"，如图11-7所示。

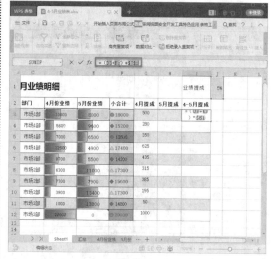

图11-7

02 公式输入完毕，按"Enter"键执行计算即可，如图11-8所示。

二、在单元格中输入

在单元格中输入公式的具体操作步骤如下。

01 选中单元格I3并输入"=（"，如图11-9所示。

图11-8

图11-9

02 接着选中需要引用的单元格D3，并输入 "+"，继续选中需要引用的单元格E3，如图11-10所示。

图11-10

03 输入 ") "，再输入 " ★ "，并选中绝对引用的单元格J1，如图11-11所示。

图11-11

04 至此公式输入完毕，然后按 "Enter" 键执行计算，如图11-12所示。

图11-12

11.2.2 编辑公式

输入公式后，用户还可以对其进行编辑，主要包括修改公式和复制公式。

一、修改公式

修改公式的具体操作步骤如下。

01 选中要修改公式的单元格I3，此时公式进入修改状态，修改为"F3*$J$1"如图11-13所示。

图11-13

02 修改完毕后，直接按"Enter"键即可，如图11-14所示。

图11-14

二、复制公式

用户既可以对公式进行单个复制，也可以进行快速填充。

1. 单个复制

单个复制的操作步骤如下。

01 选中要复制公式的单元格I3，然后按"Ctrl+C"组合键，如图11-15所示。

图11-15

02 选中公式要复制到的单元格I4，然后按"Ctrl+V"组合键，如图11-16所示。

图11-16

2. 快速填充

快速填充的操作步骤如下。

01 选中要复制公式的单元格I3，然后将鼠标指针移动到单元格的右下角，此时鼠标指针变为"+"形状，如图11-17所示。

02 按住鼠标左键不放，向下拖动至单元格I12，释放鼠标左键，此时公式就填充到选中的单元格区域中，如图11-18所示。

图11-17

图11-18

11.3 文本函数

文本函数是指可以在公式中处理字符串的函数。常用的文本函数包括LEFT、RIGHT、MID、LEN、TEXT、LOWER、PROPER、UPPER等。

11.3.1 提取字符函数

LEFT、RIGHT、MID等函数用于从文本中提取部分字符。LEFT函数是从左向右提取字符；RIGHT函数是从右向左提取字符；MID函数也是从左向右提取字符，但不一定是从第一个字符起，也可以从中间开始。

LEFT、RIGHT函数的语法格式分别为LEFT(text,num_chars)和RIGHT(text,num_chars)。其中，参数text是指文本，是从中提取字符的长字符串，num_chars是想要提取的字符个数。

MID函数的语法格式为MID(text,start_num,num_chars)。参数text的属性与前面两个函数相同；参数start_num是要提取的开始字符；参数num_chars是要提取的字符个数。

LEN函数的功能是返回文本串的字符数，此函数用于双字节字符，且空格也将作为字符进行统计。LEN函数的语法格式为LEN(text)。参数text为要查找其长度的文本。如果text为"年/月/日"形式的日期，此时LEN函数首先运算"年÷月÷日"，然后返回运算结果的字符数。

TEXT函数的功能是将数值转换为按指定数字格式表示的文本。其语法格式为：TEXT(value,format_text)。参数value为数值、计算结果为数字值的公式，或对包含数字值的单元格的引用；参数format_text为"设置单元格格式"对话框中"数字"选项卡中"分类"列表框中的文本形式的数字格式。

下面使用MID函数从身份证号码中提取会员的出生日期，身份证号码中第7位至第14位分别为出生日期的年月日。具体操作步骤如下。

01 打开工作簿"会员信息管理表"，切换至工作表"信息表"，选中单元格E3，输入公式"=MID(G3,7,4)&"-"&MID(G3,11,2)&"-"&MID(G3,13,2)"，如图11-19所示。

02 按"Enter"键执行计算，如图11-20所示。

03 选中单元格E3，使用快速填充功能将公式填充至单元格E13中，如图11-21所示。

图11-19

图11-20

图11-21

11.3.2 字符大小写的转换

LOWER、UPPER、PROPER 函数的功能是进行字符串大小写转换。LOWER 函数的功能是将一个字符串中的所有大写字母转换为小写字母；UPPER 函数的功能是将一个字符串中的所有小写字母转换为大写字母；PROPER 函数的功能是将字符串的首字母及任何非字母字符之后的首字母转换成大写，将其余的字母转换成小写。

下面使用 UPPER 函数对会员的编号进行大写字母的转换，具体操作步骤如下。

01 打开工作簿"会员信息管理表"，切换至工作表"信息表"，选中B列，单击鼠标右键，在弹出的快捷菜单中选择"插入1列"命令，并选中单元格B3，切换至"公式"选项卡，单击功能区中的"插入函数"按钮，如图11-22所示。

图11-22

02 弹出"插入函数"对话框，在"或选择类别"下拉列表中选择"文本"选项，然后在"选择函数"列表框中选择"UPPER"选项，设置完成后单击"确定"按钮，如图11-23所示。

03 弹出"函数参数"对话框，在"字符串"文本框内输入"A3"，设置完成后，单击"确定"按钮，如图11-24所示。

图11-23

图11-24

04 返回工作表，此时单元格B3中的字母变成了大写，效果如图11-25所示。

图11-25

05 选中单元格B3，将鼠标指针移动至该单元格的右下角，此时鼠标指针变成"+"形状，按住鼠标左键不放，向下拖动到单元格B13，释放鼠标左键，公式就填充到选中的单元格区域中，如图11-26所示。

图11-26

11.3.3 替换文本字符

REPLACE 函数的功能是在文本中插入字符或替换文本中的字符。

下面使用 REPLACE 函数将身份证号的月份和日期用 * 代替，避免身份证信息被泄露，具体操作步骤如下。

01 打开工作簿"会员信息管理表"，切换至工作表"信息表"，选中I列，单击鼠标右键，在弹出的快捷菜单中选择"插入1列"，并选中单元格I3，切换至"公式"选项卡，单击功能区中的"文本"按钮，在弹出的下拉菜单中选择"REPLACE"命令，如图11-27所示。

02 弹出"函数参数"对话框，在"原字符串"文本框内输入"H3"，"开始位置"文本框中输入"11"，"字符个数"文本框中输入"4"，"新字符串"文本框中输入"****"，设置完成后，单击"确定"按钮，如图11-28所示。

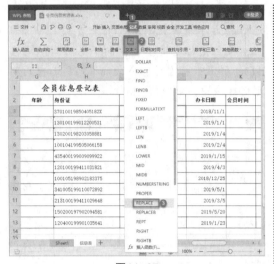

图 11-27

图 11-28

03 返回工作表，此时计算结果中的月份和日期已被 "★" 代替，效果如图 11-29 所示。

图 11-29

04 选中单元格 I3，将鼠标指针移动至该单

元格的右下角，此时鼠标指针变成 "+" 形状，按住鼠标左键不放，向下拖动到单元格 I13，释放鼠标左键，公式就填充到选中的单元格区域中，如图 11-30 所示。

图 11-30

11.4 日期与时间函数

日期与时间函数是处理日期型或日期时间型数据的函数，常用的日期与时间函数包括 DATE、DAY、DAYS360、MONTH、NOW、YEAR、WEEKDAY 等。

11.4.1 年月日函数

年月日函数包括 DAY、DAYS360、MONTH、YEAR、NOW、DATE 等。

一、DAY 函数

DAY 函数的功能是返回用序列号（整数 1 ~ 31）表示的某日期的天数，其语法格式为: DAY(serial_number)。

其中，参数 serial_number 表示要查找的日期天数。

二、DAYS360 函数

DAYS360 函数是重要的日期与时间函

数之一，函数功能是按照 1 年 360 天计算的（每个月以 30 天计，1 年共计 12 个月），返回值为两个日期之间相差的天数。该函数在一些会计计算中经常用到。如果财务系统基于 1 年 12 个月、每月 30 天，则可用此函数帮助计算支付款项。DAYS360 函数的语法格式为：DAYS360(start_date,end_date,method)。

其中：start_date 表示计算期间天数的开始日期；end_date 表示计算期间天数的终止日期；method 表示逻辑值，它指定了在计算中是用欧洲办法还是用美国办法。

如果 start_date 在 end_date 之后，则 DAYS360 将返回一个负数。另外，应使用 DATE 函数来输入日期，或者将日期作为其他公式或函数的结果输入。例如，使用函数 DATE(2019,6,1) 或输入日期 2019 年 6 月 1 日。如果日期以文本的形式输入，则会出现问题。

三、MONTH 函数

MONTH 函数是一种常用的日期函数，它能够返回以序列号表示的日期中的月份。MONTH 函数的语法格式为：MONTH(serial_number)。

其中，参数 serial_number 表示一个日期值，包括要查找的月份的日期。该函数还可以指定加双引号的表示日期的文本。例如，"2019 年 6 月 1 日"。如果该参数为日期以外的文本，则返回错误值 "#VALUE!"。

四、YEAR 函数

YEAR 函数是一种常用的日期函数，它能够返回以序列号表示的日期中的年份。YEAR 函数的语法格式为：YEAR(serial_number)。

五、NOW 函数

NOW 函数的功能是返回当前的日期和时间，其语法格式为：NOW()。

六、DATE 函数

DATE 函数的功能是返回代表特定日期的序列号，其语法格式为：DATE(year,month,day)。

下面使用 YEAR 和 NOW 函数，来计算会员的年龄，具体操作步骤如下。

01 打开工作簿"会员信息管理表"，切换至工作表"信息表"，选中单元格G3，然后输入公式"=YEAR(NOW())-MID(H3,7,4)"，如图11-31所示。

图11-31

02 按"Enter"键返回结果。该公式表示"当前年份减去出生年份，从而得出年龄"，如图11-32所示。

图11-32

03 将单元格G3的公式向下填充至单元格G13，如图11-33所示。

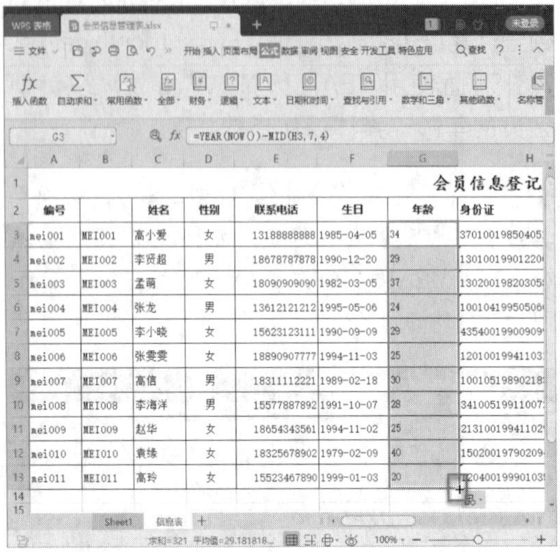

图11-33

11.4.2 计算星期值函数

日常生活和工作中经常会遇到跟星期有关的应用，计算星期值常用 WEEKDAY 函数。

WEEKDAY 函数的功能是返回某日期的星期值。在默认情况下，它的值为 1（星期天）~ 7（星期六）之间的一个整数，其语法格式为：WEEKDAY(serial_number,return_type)。

其中，参数 serial_number 返回星期值的日期。return_type 确定返回值类型：如果 return_type 为数字 1 或省略，则 1 ~ 7 表示星期天到星期六；如果 return_type 为数字 2，则 1 ~ 7 表示星期一到星期天；如果 return_type 为数字 3，则 0 ~ 6 表示星期一到星期天。

下面使用 WEEKDAY 函数计算会员是星期几办的会员卡，具体操作步骤如下。

01 打开工作簿"会员信息管理表"，切换至工作表"信息表"，选中K列，单击鼠标右键，在弹出的快捷菜单中选择"插入1列"命令，并选中单元格K3，切换至"公式"选项卡，单击功能区中的"日期和时间"按钮，在弹出的下拉菜单中选择"WEEKDAY"命令，如图11-34所示。

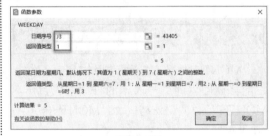

图11-34

02 弹出"函数参数"对话框，在"日期序号"文本框内输入"J3"，在"返回值类型"文本框内输入"1"，设置完成后，单击"确定"按钮，如图11-35所示。

图11-35

03 返回工作表，计算结果如图11-36所示。

图11-36

04 选中单元格K3，单击鼠标右键，在弹出的快捷菜单中选择"设置单元格格式"命令，如图11-37所示。

图11-37

05 弹出"单元格格式"对话框，切换至"数字"选项卡，在"分类"列表框中选择"日期"选项，然后在"类型"列表框中选择"星期三"选项，单击"确定"按钮，如图11-38所示。

图11-38

06 返回工作表，单元格K3中的数字就转

换成了星期数。选中单元格K3，将鼠标指针移动至该单元格的右下角，此时鼠标指针变成"+"形状，按住鼠标左键不放，向下拖动到单元格K13，释放鼠标左键，公式就填充到选中的单元格区域中，如图11-39所示。

图11-39

11.5 其他函数的应用

WPS 表格除了文本函数、日期和时间函数外，还包含逻辑函数、数字与三角函数、统计函数和查找与引用函数等。下面将一一加以介绍。

11.5.1 逻辑函数

逻辑函数是一种用于进行真假值判断或复合检验的函数。逻辑函数在日常办公中应用非常广泛，常用的逻辑函数包括 AND、IF、OR 等。

一、AND 函数

AND 函数的功能是扩大用于执行逻辑检验的其他函数的效用，其语法格式为：AND(logical1,logical2,…)。

其中，参数 logical1 是必需的，表示要检验的第一个条件，其计算结果可以为 TRUE 或 FALSE，logical2 为可选参数。所有参数的逻辑值均为真时，返回 TRUE；只要一个参数的逻辑值为假，即返回 FALSE。

二、IF 函数

IF 函数是一种常用的逻辑函数，其功能是进行真假值判断，并根据逻辑判断值返回结果。该函数主要用于根据逻辑表达式来判断指定条件，如果条件成立，则返回真条件下的指定内容，如果条件不成立，则返回假条件下的指定内容。

IF 函数的语法格式为：IF(logical_text, value_if_true,value_if_false)。

其中：logical_text 代表带有比较运算符的逻辑判断条件；value_if_true 代表逻辑判断条件成立时返回的值；value_if_false 代表逻辑判断条件不成立时返回的值。

IF 函数可以嵌套 7 层，用 value_if_false 及 value_if_true 参数可以构造复杂的判断条件。在计算参数 value_if_true 和 value_if_false 后，IF 函数返回相应语句执行后的值。

三、OR 函数

OR 函数的功能是对公式中的条件进行连接。在其参数组中，任何一个参数逻辑值为 TRUE，即返回 TRUE，所有参数的逻辑值为 FALSE，才返回 FALSE。其语法格式为：OR(logical1,logical2,…)。

参数必须能计算为逻辑值，如果指定区域中不包含逻辑值，OR 函数返回错误值"#VALUE!"。

例如在"4-5 月业绩表"工作簿中，如果员工 4 月份的业绩大于或等于 6000 元，5 月份的业绩大于或等于 6500 元，则奖励 300 元，否则奖励 50 元。

下面使用 IF 和 AND 函数来计算 4-5 月份员工业绩奖励，具体操作步骤如下。

01 打开工作簿"4-5 月业绩表"，切换至工作表"Sheet1"中，选中单元格 J3，输入公式"IF(AND(D3>=6000,E3>=6500),"奖励300元","奖励50元")"，如图 11-40 所示。

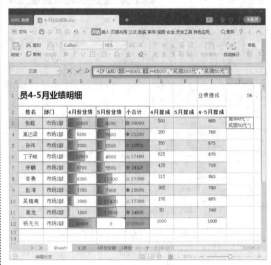

图11-40

02 按"Enter"键执行计算，结果如图 11-41 所示。

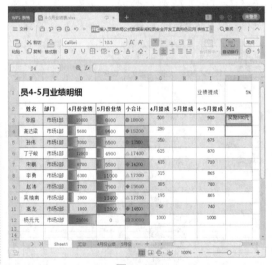

图11-41

03 选中单元格 J3，将鼠标指针移动至该单元格的右下角，此时鼠标指针变成"+"形状，按住鼠标左键不放，向下拖动到单元格 J12，释放鼠标左键，公式就填充到选中的单元格区域中，如图 11-42 所示。

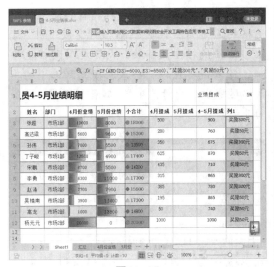

图11-42

表 11-6

num_digits	ROUND 函数返回值
>0	四舍五入到指定的小数位
=0	四舍五入到最接近的整数位
<0	在小数点的左侧进行四舍五入

11.5.2　数学与三角函数

数学与三角函数是指通过数学和三角函数进行简单的计算，如对数字取整、计算单元格区域中的数值总和或其他负债计算。常用的数学与三角函数包括 INT、ROUND、SUM、SUMIF 等。

一、INT 函数

INT 函数是常用的数学与三角函数，函数功能是将数字向下舍入到最接近的整数。INT 函数的语法格式为：INT(number)。

其中，number 表示需要进行向下舍入求整的实数。

二、ROUND 函数

ROUND 函数的功能是按指定的位数对数值进行四舍五入。ROUND 函数的语法格式为：ROUND(number,num_digits)。

其中，number 是指用于进行四舍五入的数字，参数不能是一个单元格区域。如果参数是数值以外的文本，则返回错误值"#VALUE!"。num_digits 是指位数，按位数进行四舍五入，位数不能省略。num_digits 与 ROUND 函数返回值的关系，如表 11-6 所示。

三、SUM 函数

SUM 函数的功能是计算单元格区域中所有数值的和。

该函数的语法格式为：SUM(number1,number2,number3,…)。

函数最多可指定 30 个参数，各参数用逗号隔开；当计算相邻单元格区域数值之和时，使用冒号指定单元格区域；参数如果是数值以外的文本，则返回错误值"#VALUE!"。

四、SUMIF 函数

SUMIF 是重要的数学和三角函数，在 WPS 表格的实际操作中应用广泛。其功能是根据指定条件对指定的若干单元格求和。使用该函数可以在选中的范围内求与检索条件一致的单元格对应的合计范围的数值。

SUMIF 函数的语法格式为：SUMIF(range,criteria,sum_range)。

range：选中的用于条件判断的单元格区域。

criteria：在指定的单元格区域内检索符合条件的单元格，其形式可以是数字、表达式或文本。直接在单元格或编辑栏中输入检索条件时，需要加双引号。

sum_range：选中的需要求和的单元格区域。该参数忽略求和的单元格区域内包含的空白单元格、逻辑值或文本。

下面使用 SUMIF 函数来计算市场1部和市场2部4月份的业绩，具体操作步骤如下。

01 打开工作簿"4-5月业绩表"，切换至工作表"Sheet1"中，选中单元格L3，切换至"公式"选项卡，然后单击功能区中的"数学和三角"按钮，在弹出的下拉菜单中选择"SUMIF"命令，如图11-43所示。

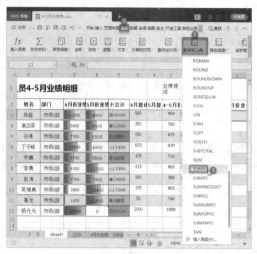

图11-43

02 弹出"函数参数"对话框,在"区域"文本框内输入"$C$3:$C$12",在"条件"文本框中输入"K3",在"求和区域"文本框中输入"$D$3:$D$12",设置完成后,单击"确定"按钮,如图11-44所示。

图11-44

03 按"Enter"键执行计算,结果如图11-45所示。

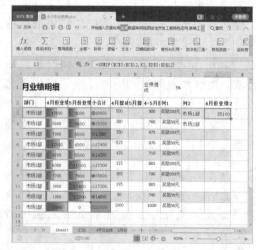

图11-45

04 选中单元格L3,将鼠标指针移动至该单元格的右下角,此时鼠标指针变成"+"形状,按住鼠标左键不放,向下拖动到单元格L4,释放鼠标左键,公式就填充到选中的单元格区域中。此时,市场1部和市场2部4月份的业绩计算完成,如图11-46所示。

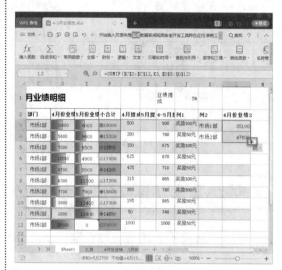

图11-46

11.5.3 统计函数

统计函数是指用于对数据区域进行统计分析的函数。常用的统计函数有AVERAGE、RANK、COUNTIF等。

一、AVERAGE函数

AVERAGE函数的功能是返回所有参数的算术平均值,其语法格式为:AVERAGE(number1,number2,…)。

参数number1、number2等是要计算平均值的1~30个参数。

二、RANK函数

RANK函数的功能是返回结果及分区内指定字段的值的排名,指定字段的值的排名是相关行之前的排名加1。

其语法格式为:RANK(number,ref,order)。

其中,参数number是需要计算其排名的一个数字。ref 是包含一组数字的数组或引用（其中的非数值型参数将被忽略）。order 为一数字，指明排位的方式。如果 order 为 0 或省略，ref 则按降序排列的数据清单进行排名；如果 order 不为 0，ref 则按升序排列的数据清单进行排名。

注意

RANK 函数对重复数值的排名相同，但重复数值的存在将影响后续数值。

三、COUNTIF 函数

COUNTIF 函数的功能是计算区域中满足给定条件的单元格的个数。

其语法格式为：COUNTIF(range,criteria)。

其中：参数 range 为需要计算其中满足条件的单元格数目的单元格区域；criteria 为确定哪些单元格将被计算在内的条件，其形式可以为数字、表达式或文本。

下面使用 RANK 函数对工作簿"4-5 月业绩表"中总的业绩进行排名，并通过引用单元格名称参与计算，具体操作步骤如下。

01 打开工作簿"4-5 月业绩表"，切换至工作表"Sheet1"，切换至"公式"选项卡，单击功能区中的"名称管理器"按钮，如图11-47所示。

图11-47

02 在弹出的"名称管理器"对话框中，单击"新建"按钮，如图11-48所示。

图11-48

03 弹出"新建名称"对话框，在"名称"文本框内输入"业绩总额"，然后单击"引用位置"文本框右侧的折叠按钮，选中要引用的单元格区域F3:F12，单击"确定"按钮，如图11-49所示。

图11-49

04 返回名称管理器，用户可以在名称列表框中看到创建的名称，单击"关闭"按钮即可，如图11-50所示。

图11-50

05 选中单元格M3，在其中输入公式"=RANK(F3,业绩总额)"，该公式表示返回单元格中的数值在数组"业绩总额"中的排名，如图11-51所示。

图11-51

06 按"Enter"键即可输出结果。选中单元格M3，将鼠标指针移动至该单元格的右下角，此时鼠标指针变成"+"形状，然后按住鼠标左键不放，向下拖动至单元格M12，释放鼠标左键，此时公式就填充到选中的单元格区域中，对销售额进行排名后的效果如图11-52所示。

图11-52

下面使用COUNTIF函数计算奖励300

元和奖励50元的人数是多少，具体操作步骤如下。

01 选中单元格E15，输入公式"=COUNTIF($J$3:$J$12,"奖励300元")"，如图11-53所示。

图11-53

02 按"Enter"键执行计算，结果如图11-54所示。

图11-54

03 以同样的方法，在E16单元格中输入公式"=COUNTIF($J$3:$J$12,"奖励50元")"即可，计算奖励50元的员工人数，如图11-55所示。

图11-55

11.5.4 查找与引用函数

查找与引用函数用于在数据清单或表格中查找特定数值，或者查找某一单元格引用时使用的函数。常用的查找与引用函数包括 LOOKUP、CHOOSE、VLOOKUP、HLOOKUP 等。

一、LOOKUP 函数

LOOKUP 函数的功能是从向量或数组中查找符合条件的数值。该函数有两种语法形式：向量和数组。向量形式是指从一行或一列的区域内查找符合条件的数值。向量形式的 LOOKUP 函数按照在单行区域或单列区域查找的数值，返回第二个单行区域或单列区域中相同位置的数值。数组形式是指在数组的首行和首列中查找符合条件的数值，然后返回数组的尾行或尾列中相同位置的数值。本小节重点介绍向量形式的 LOOKUP 函数的用法。

其语法格式为：LOOKUP(lookup_value, lookup_vector,result_vector)。

各参数的含义如下。

lookup_value：在单行或单列区域内要查找的值，可以是数字、文本、逻辑值或者包含名称的数值或引用。

lookup_vector：指定单行或单列的查找区域。其数值必须按升序排列，文本不区分大小写。

result_vector：指定函数返回值的单元格区域。其大小必须与 lookup_vector 相同，如果 lookup_value 小于 lookup_vector 中的最小值，LOOKUP 函数则返回错误值"#N/A"。

二、CHOOSE 函数

CHOOSE 函数的功能是从参数列表中选择并返回一个值。

其语法格式为：CHOOSE(index_num, value1,value2,…)。

其中，参数 index_num 是必需的，用来指定所选定的值参数。index_num 必须为 1 ~ 254 的数字，或者为公式或对包含 1 ~ 254 某个数字的单元格的引用。如果 index_num 为 1，则 CHOOSE 函数返回 value1；如果 index_num 为 2，则 CHOOSE 函数返回 value2，依次类推。如果 index_num 小于 1 或大于列表中最后一个值的序号，则 CHOOSE 函数返回错误值"#VALUE!"。如果 index_num 为小数，则在使用前将被截尾取整。value1 是必需的，后续的 value2 等是可选的，这些值参数的个数介于 1 ~ 254。CHOOSE 函数基于 index_num 从这些值参数中选择一个数值或一项要执行的操作。参数可以为数字、单元格引用、已定义名称、公式、函数或文本。

三、VLOOKUP 函数

VLOOKUP 函数的功能是进行列查找，并返回当前行中指定的列的数值。

其语法格式为：VLOOKUP(lookup_value, table_array,col_index_num,range_lookup)。

各参数的含义如下。

lookup_value：指需要在表格数组第一列中查找的数值。lookup_value 可以为数值或引用。若 lookup_value 小于 table_array 第一列中的最小值，则 VLOOKUP 函数返回错误值"#N/A"。

table_array：指定查找范围，其使用对区域或区域名称的引用。table_array 第一列中的值是由 lookup_value 搜索到的值，这些值可以是文本、数字或逻辑值。

col_index_num：指 table_array 中待返回的匹配值的列序号。col_index_num 为 1 时，返回 table_array 第一列中的数值；col_index_num 为 2 时，返回 table_array 第二列中的数值，依次类推。如果 col_index_num 小于 1，则 VLOOKUP 函数返回错误值 "#VALUE!"；如果 col_index_num 大于 table_array 的列数，则 VLOOKUP 函数返回错误值 "#REF!"。

range_lookup：指逻辑值，指定希望 VLOOKUP 函数查找精确的匹配值还是近似匹配值。如果参数值为 TRUE（或为 1，或省略），则只寻找精确匹配值。也就是说，如果找不到精确匹配值，则返回小于 lookup_value 的最大数值。table_array 第一列中的值必须以升序排序，否则，VLOOKUP 函数可能无法返回正确的值。如果参数值为 FALSE（或为 0），则返回精确匹配值或近似匹配值。在此情况下，table_array 第一列的值不需要排序。如果 table_array 第一列中有两个或多个值与 lookup_value 匹配，则使用第一个找到的值。如果找不到精确匹配值，则返回错误值 "#N/A"。

四、HLOOKUP 函数

HLOOKUP 函数的功能是进行查找，在表格或数值数组的首行查找指定的数值，并在表格或数组中指定行的同一列中返回一个数值。当比较值位于数据表的首行，并且要查找下面给定行中的数据时，使用 HLOOKUP 函数；当比较值位于要查找的数据左边的一列时，使用 VLOOKUP 函数。

其语法格式为：HLOOKUP(lookup_value, table_array,row_index_num,range_lookup)。

各参数的含义如下。

lookup_value：需要在数据表第一行中进行查找的数值。lookup_value 可以为数值、引用或文本字符串。

table_array：需要在其中查找数据的数据表，使用对区域或区域名称的引用。table_array 的第一行的数值可以为文本、数字或逻辑值。如果 range_lookup 为 TRUE，则 table_array 的第一行的数值必须按升序排序；否则，HLOOKUP 函数将不能给出正确的数值。如果 range_lookup 为 FALSE，则 table_array 不必进行排序。

row_index_num：table_array 中的待返回的匹配值的行序号。row_index_num 为 1 时，返回 table_array 第一行的数值；row_index_num 为 2 时，返回 table_array 第二行的数值，依次类推。如果 row_index_num 小于 1，则 HLOOKUP 函数返回错误值 "#VALUE!"；如果 row_index_num 大于 table_array 的行数，则 HLOOKUP 函数返回错误值 "#REF!"。

range_lookup：逻辑值，指明 HLOOKUP 函数查找时是精确匹配，还是近似匹配。如果 range_lookup 为 TRUE 或省略，则返回近似匹配值。也就是说，如果找不到精确匹配值，则返回小于 lookup_value 的最大数值。如果 lookup_value 为 FALSE，则 HLOOKUP 函数将返回精确匹配值；如果找不到，则返回错误值 "#N/A"。

下面使用 VLOOKUP 函数查找某些会员的详细信息。

01 打开工作簿"会员信息管理表"，切换至工作表"信息表"，选中单元格O3，切换至"公式"选项卡，在功能区中单击"查找与引用"按钮，在弹出的下拉菜单中选择"VLOOKUP"命令，如图11-56所示。

02 弹出"函数参数"对话框，在"查找值"文本框中输入"N3"，在"数据表"文本框中输入"$A$3:$M$13"，在"列序数"文本框中输入"3"，在"匹配条件"文本框中输入"FALSE"，设置完毕后，单击"确定"按钮，如图11-57所示。（其中序列数是从查找的对象的那一列开始数起）

03 返回工作表，单元格O3中显示了查找结果。选中单元格O3，将鼠标指针移动至该单元格的右下角，此时鼠标指针变成"+"形状，按住鼠标左键不放，向下拖动到单元格O7，释放鼠标左键，公式就填充到选中的单元格区域中，如图11-58所示。

图11-56

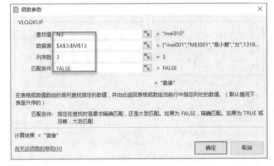

图11-57

图11-58

04 以同样的方法，在单元格P3中插入VLOOKUP函数，在"列序数"文本框中输入"5"，其他保持不变，单击"确定"按钮，如图11-59所示。

图11-59

05 返回工作表，单元格P3中显示了查找结果。选中单元格P3，将鼠标指针移动至该单元格的右下角，此时鼠标指针变成"+"形状，按住鼠标左键不放，向下拖动到单元格P7，释放鼠标左键，公式就填充到选中的单元格区域中，如图11-60所示。

图11-60

06 以同样的方法，在单元格Q3中插入VLOOKUP函数，在"列序数"文本框中输入"10"，其他保持不变，单击"确定"按钮，如图11-61所示。

07 返回工作表，选中单元格Q3，切换至"开始"选项卡，单击功能区中的"数字格式"下拉按钮，在弹出的下拉列表中选择

"短日期"选项，如图11-62所示。

图11-61

图11-62

⑧ 选中单元格Q3，将鼠标指针移动至该单元格的右下角，此时鼠标指针变成"+"形状，按住鼠标左键不放，向下拖动到单元格Q7，释放鼠标左键，公式就填充到选中的单元格区域中，如图11-63所示。

图11-63

11.6 高手过招——逆向查询会员的信息

一般情况下，VLOOKUP 函数无法处理从右向左的查询，如果被查找数据不在数据表的首列时，可以先将目标数据进行特殊的转换，再使用 VLOOKUP 函数来实现此类查询。具体操作步骤如下。

① 打开工作簿"会员信息管理表"，切换至工作表"Sheet1"，选中单元格B20，输入公式"=VLOOKUP($A$20,IF({1,0},$C$5:$C$15,$B$5:$B$15),2,0)"，如图11-64所示。

图11-64

② 输入完成后按"Enter"键即可看到查询结果，如图11-65所示。

图11-65

备注：该公式中的"IF({1,0},$C$5:$C$15, $B$5:$B$15)"运用了 IF 函数改变列的顺序。当 IF 函数返回第 1 个参数为 1 时，返回第 2 个参数；第 1 个参数为 0 时，返回第 3 个参数。所以{1,0}对应的是第 2 个参数"$C$5:$C$15"，0 对应的是第 3 个参数"$B$5:$B$15"。

用户还可以使用公式"=VLOOKUP(A20, CHOOSE({1,2},$C$5:$C$15,$B$5:$B$15),2,0)"来逆向查询会员的信息。

至此 WPS 表格函数的内容基本介绍完成。

第12章

WPS 演示的基本操作

前几章介绍了WPS表格的基础操作，包括表格的基本操作，表格的美化，数据的排序、筛选与分类汇总，数据的处理与分析，图表与数据透视表的应用、公式与函数的应用等。本章介绍WPS演示的基本操作，包括创建和编辑演示文稿、如何插入新幻灯片以及对幻灯片进行美化设置。

12.1　幻灯片的基本操作

在制作 WPS 演示文稿之前应对其基本操作做个简单了解，包括 WPS 演示的创建、保存和幻灯片的基本操作。

12.1.1　WPS 演示的创建、保存

一、创建演示文稿

1. 使用模板创建演示文稿

01　通常情况下，启动WPS演示之后，单击界面中的"新建"按钮，如图12-1所示。

图12-1

02　用户可以在品类专区根据需求选择合适的模板，或在搜索框内输入并选择自己需要的模板类型，如图12-2所示。

图12-2

03 在查找到的模板列表中单击任意模板，随即弹出界面，显示该模板的相关信息，单击右侧的下载按钮即可下载模板，如图12-3所示。

图12-3

2. 新建空白演示文稿

启动 WPS 演示，单击"新建"按钮，然后单击"新建空白文档"按钮即可新建一个空白文档，如图 12-4 所示。

图12-4

二、保存演示文稿

演示文稿在制作过程中应及时地进行保存，以免因停电或没有制作完成就误将演示文稿关闭等而造成不必要的损失。保存演示文稿的具体操作如下。

方法 1：

01 在WPS演示窗口的快速访问工具栏中，单击"保存"按钮，如图12-5所示。

02 弹出"另存为"对话框，在左侧选择"计算机"选项，在右侧"保存在"下拉列

表中选择文件要保存的位置，然后在"文件名"文本框内输入文件名称，单击"保存"按钮即可，如图12-6所示。

图12-5

图12-6

如果对已有的演示文稿进行了编辑操作，可以直接单击快速访问工具栏中的"保存"按钮。

方法 2：

单击"文件"菜单，在弹出的菜单中选择"保存"命令，如图12-7所示。

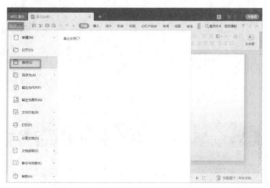

图12-7

12.1.2 插入与删除幻灯片

一、插入幻灯片

用户可以通过单击鼠标右键插入新的幻灯片，也可以通过隐藏按钮插入。

单击鼠标右键插入幻灯片的具体操作步骤如下。

在要插入幻灯片的位置单击鼠标右键，然后在弹出的快捷菜单中选择"新建幻灯片"命令，如图12-8所示。

图12-8

即可在选中的幻灯片的下方插入一张新的幻灯片，并自动应用幻灯片版式，如图12-9所示。

图12-9

二、删除幻灯片

如果演示文稿中有多余的幻灯片，用户可以将其删除。

在左侧的幻灯片列表中选中要删除的幻灯片，然后单击鼠标右键，在弹出的快捷菜单中选择"删除幻灯片"命令，即可将选中的幻灯片删除，如图12-10所示。

图12-10

12.1.3 移动与复制幻灯片

在演示文稿的排版过程中，用户可以重新调整每一张幻灯片的次序，也可以将具有较好版式的幻灯片复制到其他的演示文稿中。

一、移动幻灯片

移动幻灯片的方法很简单，只需在演示文稿左侧的幻灯片列表中选中要移动的幻灯片，然后按住鼠标左键不放，将其拖动至要移动的位置后释放鼠标左键即可。

二、复制幻灯片

复制幻灯片的方法也很简单，只需在演示文稿左侧的幻灯片列表中选中要复制的幻灯片，然后单击鼠标右键，在弹出的快捷菜单中选择"复制"命令，在其下方单击鼠标右键，在弹出的快捷菜单中选择"粘贴"命令，即可在此幻灯片的下方复制一张与此幻灯片格式和内容相同的幻灯片，如图12-11所示。

另外，用户还可以按"Ctrl+C"组合键复制幻灯片，然后按"Ctrl+V"组合键在同一演示文稿内或不同演示文稿之间进行粘贴。

图12-11

12.1.4　隐藏与显示幻灯片

当用户不想放映演示文稿中的某些幻灯片时，可以将其隐藏。隐藏幻灯片的具体操作步骤如下。

01　在左侧的幻灯片列表中选中要隐藏的幻灯片，然后单击鼠标右键，在弹出的快捷菜单中选择"隐藏幻灯片"命令，如图12-12所示。

图12-12

02　此时，在该幻灯片的标号上会显示一条删除斜线，表明该幻灯片已经被隐藏，如图12-13所示。

图12-13

03　如果要取消隐藏，方法非常简单，只需要选中相应的幻灯片，然后再进行一次上述操作即可，如图12-14所示。

图12-14

12.2　幻灯片的编辑

12.2.1　插入图片

在幻灯片中插入图片的具体操作步骤如下。

01　打开WPS演示，切换至"插入"选项卡，单击功能区中"图片"按钮，如图12-15所示。

图12-15

02　弹出"插入图片"对话框，在左侧选择"计算机"选项，在右侧窗格"位置"中选择要插入的图片的文件夹，然后选择要插入的图片，单击"打开"按钮，如图12-16所示。

图12-16

03　返回WPS演示，切换至"图片工具"选项卡，在功能区中取消选中"锁定纵横比"前的复选按钮，然后在"高度"和"宽度"微调框内输入"19.10厘米"和"33.90厘米"，并调整图片的位置，效果如图12-17所示。

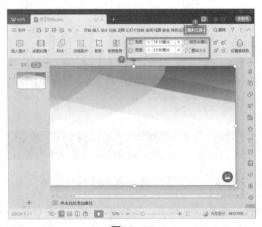

图12-17

12.2.2　插入文本框

在幻灯片中插入文本框的具体操作步骤如下。

01　切换至"插入"选项卡，单击功能区中"文本框"扩展按钮，在弹出的下拉菜单中选择"横向文本框"命令，如图12-18所示。

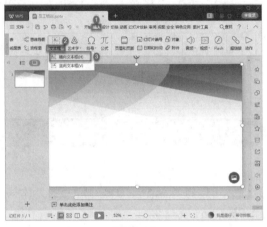

图12-18

02　此时鼠标指针会变成"+"形状，按住鼠标左键不放，拖动鼠标指针，即可绘制一个横向文本框，在其中输入"新员工入职培训"，如图12-19所示。

图12-19

03　选中文本，切换至"开始"选项卡，在功能区中调整"字体"和"字号"，分别是"楷体"和"60"，如图12-20所示。

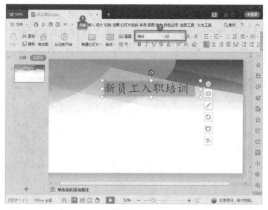

图12-20

04 为了使整体好看、醒目，可以对文本框进行颜色填充和轮廓设置。选中文本"新"，切换至"文本工具"选项卡，并设置字号为"72"，选择功能区中的"预设样式"中的"填充-沙棕色，着色2，轮廓-着色2"，效果如图12-21所示。

图12-21

05 使用同样的方法，插入1个无轮廓、无填充颜色的文本框和1个无轮廓、有填充色的文本框。在"颜色"对话框"颜色模式"下拉列表中选择"RGB"选项，然后在"红色""绿色""蓝色"微调框内分别输入"161""214""225"，输入相应文本，最终效果如图12-22所示。

图12-22

12.2.3 插入形状

在幻灯片中插入形状的具体操作步骤如下。

01 插入一张幻灯片，切换至"插入"选项卡，单击功能区中的"形状"按钮，在弹出的下拉菜单中选择"平行四边形"命令，如图12-23所示。

图12-23

02 当鼠标指针变成"+"形状时，按住鼠标左键不放，拖动鼠标指针即可绘制一个平行四边形，并输入相应的文本内容，如图12-24所示。

03 平行四边形颜色默认为蓝色，为了整体一致，我们可以对形状进行颜色填充。选中平行四边形，切换至"绘图工具"选项卡，单击功能区中的"填充"扩展按钮，在弹出的下拉菜单中选择"其他填充颜色"命令，如图12-25所示。

图12-24

图12-25

04 弹出"颜色"对话框,切换至"自定义"选项卡,在"颜色模式"下拉列表中选择"RGB"选项,然后在"红色""绿色""蓝色"微调框内分别输入"171""188""195",然后单击"确定"按钮,如图12-26所示。

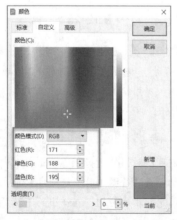

图12-26

05 返回WPS演示,继续选中平行四边形,单击功能区中的"轮廓"扩展按钮,在弹出的下拉菜单中选择"无线条颜色"命令,如图12-27所示。

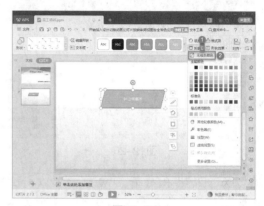

图12-27

06 返回幻灯片,效果如图12-28所示。

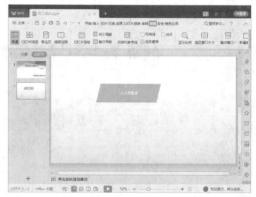

图12-28

07 通过复制、粘贴功能,复制同样的平行四边形,并输入文本内容"02规章制度"和"03产品知识",调整位置,效果如图12-29所示。

图12-29

12.2.4 插入表格

在幻灯片中插入表格的具体操作步骤如下。

01 插入一张幻灯片，切换至"插入"选项卡，单击功能区中的"表格"按钮，在弹出的下拉菜单中选择"插入表格"命令，如图12-30所示。

图12-30

02 弹出"插入表格"对话框，在"行数"微调框中输入"4"，在"列数"微调框中输入"2"，单击"确定"按钮，如图12-31所示。

图12-31

03 即可在幻灯片中插入一个表格，右侧"对象属性"任务窗格可以调整表格的填充颜色和效果等，如图12-32所示。

图12-32

04 插入表格后，输入产品的相关内容，效果如图12-33所示。

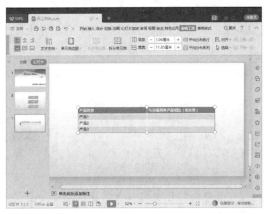

图12-33

12.2.5 插入音频和视频

在 WPS 演示中添加一些适合的音乐或视频，可以让人们印象深刻。下面介绍插入音频和视频的操作方法。

一、插入音频

在幻灯片中插入音频的具体操作步骤如下。

01 切换至"插入"选项卡，单击功能区中的"音频"按钮，在弹出的下拉菜单中选择"嵌入背景音乐"命令，如图12-34所示。

图12-34

02 弹出"从当前页插入背景音乐…"对话框，在左侧选择"计算机"选项，在右侧选择要插入的音乐，然后单击"打开"按钮，如图12-35所示。

图12-35

即可在幻灯片中插入一个音频，如图12-36所示。

图12-36

03 插入音频后，可以调整位置，将鼠标指针放在小喇叭上，当鼠标指针变为小手指时单击小喇叭即可播放，如图12-37所示。

图12-37

04 插入音频后，可以对其进行编辑。单击小喇叭，切换至"音频工具"选项卡，在

功能区中"淡入"和"淡出"微调框里输入秒数，这里输入"00.50"和"01.00"表示"5秒后开始淡入，1分钟后开始淡出"。单击"裁剪音频"按钮，弹出"裁剪音频"对话框可以对音频的开始时间和结束时间进行更改，这里在"结束时间"文本框输入"02:00.00"，如图12-38所示。

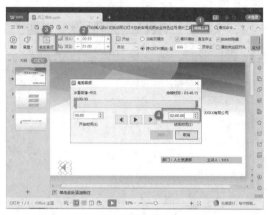

图12-38

05 用户可以根据需求在"音频工具"选项卡中对音频进行编辑。若要删除音频，选中音频后直接按"Delete"键，在弹出的"删除背景音乐"对话框中单击"是"按钮即可删除，如图12-39所示。

图12-39

二、插入视频

在幻灯片中插入视频的具体操作步骤如下。

01 插入一张新的幻灯片，切换至"插入"

选项卡，单击功能区中的"视频"按钮，在弹出的下拉菜单中选择"嵌入本地视频"命令，如图12-40所示。

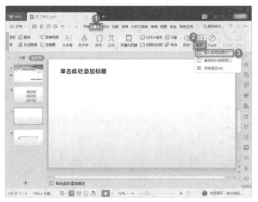

图12-40

02 弹出"插入视频"对话框，在左侧选择"Videos"选项，在右侧选择要插入的视频，然后单击"打开"按钮，如图12-41所示。

图12-41

03 即可在幻灯片中插入一个视频，并可以调整其大小和位置，如图12-42所示。

图12-42

04 插入视频后，选中视频，切换至"视频工具"选项卡，用户可以根据需要在功能区中编辑视频，如图12-43所示。

图12-43

05 若要删除视频，选中视频后直接按"Delete"键即可删除，如图12-44所示。

图12-44

12.3　文字、图片效果、形状效果与表格处理技巧

编辑完幻灯片后，可以对幻灯片中的文字、图片效果、形状效果和表格进行设置。

12.3.1 文字处理技巧

文字是演示文稿的重要组成部分,一个直观明了的演示文稿少不了必要的文字说明。

一、安装新字体

WPS 演示所使用的字体是安装在 Windows 操作系统当中的,Windows 操作系统中提供的字体可以满足用户的基本需求,但是如果用户想要制作更高标准的演示文稿,就需要安装一些新字体。

安装字体之前,先在搜索引擎中输入要搜索的字体并下载。新字体下载完成后就可以安装了。安装新字体的具体操作步骤如下。

01 在下载好的方正宋一简体的压缩包上单击鼠标右键,在弹出的快捷菜单中选择"解压到当前文件夹"命令,如图12-45所示。

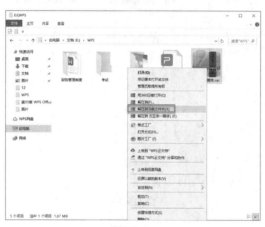

图12-45

02 在解压后的方正宋一简体.ttf单击鼠标右键,在弹出的快捷菜单中选择"安装"命令,如图12-46所示。

03 随即弹出"正在安装字体"对话框,提示用户正在安装方正宋一简体,如图12-47所示。

04 安装完毕,重新打开演示文稿"员工培训",在"字体"下拉列表中即可找到方正宋一简体选项,如图12-48所示。

图12-46

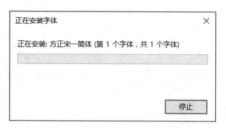

图12-47

图12-48

二、快速修改字体

有时候,用户辛辛苦苦做好的演示文稿需要修改字体,如果一张一张去修改,工作量会很大。这时,用户就可以使用字体替换功能。

以将演示文稿中的宋体替换为楷体为例，介绍如何快速修改字体。

01 打开演示文稿，完善公司概况信息。将光标定位在幻灯片的正文文本中，切换至"开始"选项卡，用户可以在"字体"下拉列表中看到当前字体为"宋体"，如图12-49所示。

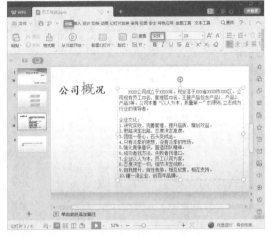

图12-49

02 单击功能区中"替换"扩展按钮，在弹出的下拉菜单中选择"替换字体"命令，如图12-50所示。

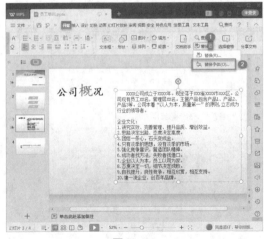

图12-50

03 弹出"替换字体"对话框，可以看到"替换"下拉列表中显示为"宋体"，在"替换为"下拉列表中选择"楷体"选项，单击"替换"按钮，如图12-51所示。

图12-51

04 "替换"下拉列表中的"宋体"替换为"楷体"，同时"替换"按钮变为灰色，单击"关闭"按钮，如图12-52所示。

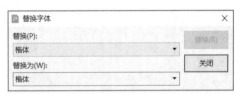

图12-52

05 返回幻灯片，演示文稿中所有幻灯片中的宋体均被替换为楷体，如图12-53所示。

图12-53

三、保存演示文稿时嵌入字体

如果幻灯片中使用了系统自带字体以外的特殊字体，当把演示文稿保存之后发送到其他计算机上并浏览时，如果对方的计算机系统中没有安装这种特殊字体，那么这些文字将会丢失原有的字体样式，并自动以系统中的默认字体样式来替代。如果用户希望幻灯片中所使用的字体无论在哪里都可以正常显示原有样式，则可以使用嵌入字体的方式保存演示文稿。具体操作步骤如下。

01 单击"文件"菜单，在弹出的菜单中选择"选项"命令，如图12-54所示。

图12-54

02 弹出"选项"对话框，切换至"常规与保存"选项卡，选中"将字体嵌入文件"前的复选按钮，然后选中"嵌入所有字符（适于其他人编辑）"前的单选按钮，单击"确定"按钮，如图12-55所示。

图12-55

12.3.2 图片效果处理技巧

　　用户可以通过对演示文稿的图片进行处理来达到相应的美化效果，使幻灯片更加精美。

　　WPS演示为用户提供了多种图片特效功能，用户可以通过应用图片效果、裁剪、排列等方式，使图片更加绚丽多彩，给人以耳目一新的感觉。

一、应用图片效果

01 在"公司概况"幻灯片中插入图片，选中幻灯片中的图片，切换至"图片工具"选项卡，单击功能区中的"图片效果"按钮，在弹出的下拉菜单中选择"阴影"命令，然后在弹出的子菜单中选择"外部"下的"居中偏移"命令，如图12-56所示。

图12-56

02 返回幻灯片，设置效果如图12-57所示。

图12-57

03 如果用户对默认设置不是很满意，可以在下拉菜单中选择"更多设置"命令，如图12-58所示。

图12-58

04　弹出"对象属性"任务窗格，可以对图片效果进行进一步设置，如图12-59所示。

图12-59

二、裁剪图片

在编辑演示文稿时，用户可以根据需要将图片裁剪成各种形状。裁剪图片的具体操作步骤如下。

01　选中幻灯片中的图片，单击其右侧的"裁剪图片"按钮，如图12-60所示。

02　此时，图片进入裁剪状态，并出现8条裁剪边框线，选中任意一条裁剪边框线，按住鼠标左键不放，向上、下、左、右拖动即可对图片进行裁剪。也可以单击图片右侧的"裁剪图片"按钮，在展开的列表中选择"基本形状"下的"椭圆"，如图12-61所示。

图12-60

图12-61

03　选择后幻灯片中图片的效果如图12-62所示。

图12-62

04　单击任意空白区域，最终效果如图12-63所示。

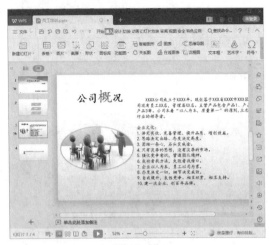

图12-63

三、排列和组合图片

在 WPS 演示中，用户可以根据需要对图片进行上下移动、对齐方式设置、组合方式设置等多种排列操作。对图片进行排列操作的具体操作步骤如下。

01　选中图片，切换至"图片工具"选项卡，单击功能区中的"对齐"按钮，在弹出的下拉菜单中选择"垂直居中"命令，如图12-64所示。

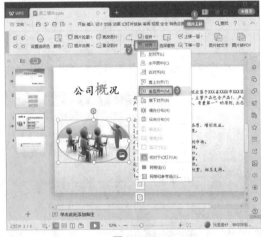

图12-64

02　返回幻灯片，设置效果如图12-65所示。

03　选中此幻灯片中的图片和文本框，切换至"图片工具"选项卡，单击功能区中的"组合"按钮，在弹出的下拉菜单中选择"组合"命令，如图12-66所示。

图12-65

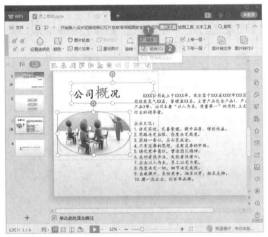

图12-66

04　选中的内容就组成了一个新的整体对象，如图12-67所示。

图12-67

12.3.3　形状效果处理技巧

用户可以通过形状效果的编辑来为幻灯片增色。

形状效果应用的具体操作步骤如下。

01 在幻灯片中插入形状椭圆形，并填充颜色、设置无线条颜色。选中形状，切换至"绘图工具"选项卡，单击功能区中的"形状效果"按钮，在弹出的下拉菜单中选择"阴影"命令，然后在弹出的子菜单中选择"外部"下的"居中偏移"命令，如图12-68所示。

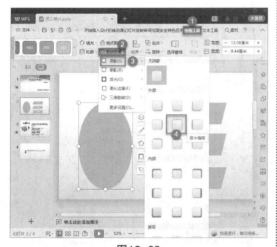

图12-68

02 返回幻灯片，设置效果如图12-69所示。

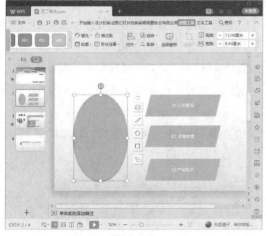

图12-69

03 如果用户对默认设置不是很满意，可以在功能区中单击"设置形状格式"组的对话框启动器按钮，在弹出的"对象属性"任务窗格中单击"效果"按钮，并进行相应设置，如图12-70所示。

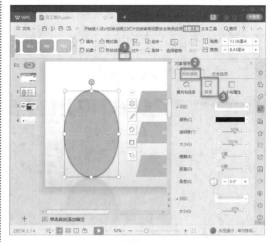

图12-70

04 在形状中输入文本信息，并调整形状大小，如图12-71所示。

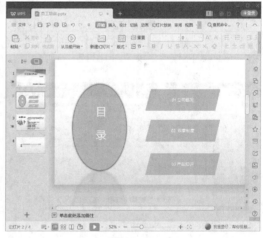

图12-71

12.3.4　表格处理技巧

WPS 演示除了提供图片处理技巧之外，还为用户提供了相应的表格处理技巧。

一、美化表格

掌握一定的表格处理技巧，可以减少幻

灯片的枯燥感与死板感，达到美观、简洁的效果。

在幻灯片中美化表格的具体步骤如下。

01 选中表格，切换至"表格样式"选项卡，在功能区中"笔划粗细"下拉菜单中选择"3磅"命令；在"笔颜色"下拉菜单中选择"白色，背景1，深色15%"命令。然后单击"边框"扩展按钮，在弹出的下拉菜单中选择"所有框线"命令，如图12-72所示。

图12-72

02 返回WPS演示，效果如图12-73所示。

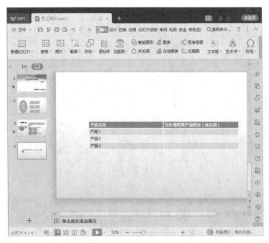

图12-73

03 单击功能区中"表格样式"右侧的其他按钮，在展开的列表中选择"中度样式4-强调1"，如图12-74所示。

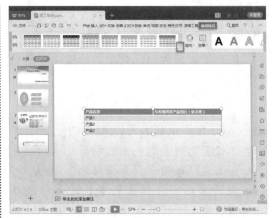

图12-74

设置完成后，效果如图12-75所示。

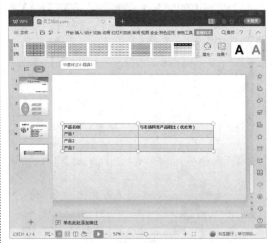

图12-75

二、快速导入表格

有时需要在演示文稿中导入表格，以方便用户的陈述并使其思路清晰。在演示文稿中导入表格比较常用的方法就是复制、粘贴，并且在粘贴的过程中会有多种不同的粘贴方式。

将 Excel 中的表格粘贴到演示文稿中的方法主要有两种，需要复制、粘贴的表格内容如图 12-76 所示。

信息表		
姓名	联系电话	办卡日期
袁缘	18325678902	2019/5/20
张雯雯	18890907777	2019/4/3
赵华	18654343561	2019/3/5
高信	18311112221	2018/12/25
高玲	15523467890	2019/1/23

图12-76

1．粘贴

这种粘贴方式会把原始表格转换成 WPS 演示中所使用的表格，并且自动套用幻灯片主题中的字体和颜色设置。这种粘贴方式是 WPS 演示中默认的粘贴方式，效果如图 12-77 所示。

图12-77

2．只粘贴文本

这种粘贴方式会把原有的表格转换成 WPS 演示中的段落文本框，不同列之间由占位符间隔，其中的文字格式自动套用幻灯片所使用的主题字体，效果如图 12-78 所示。

图12-78

12.4　高手过招——巧把幻灯片变图片

把幻灯片变成图片的具体操作步骤如下。

01　打开演示文稿，单击"文件"菜单，在弹出的菜单中选择"输出为图片"命令，如图12-79所示。

图12-79

02　弹出"输出为图片"对话框，在下面设置"输出方式"为"逐页输出"，设置"格式"为"PNG"，设置"保存到"为"E:\WPS\"，如图12-80所示。

图12-80

03　单击"输出"按钮，WPS演示会将图片保存在所选文件夹中，如图12-81所示。

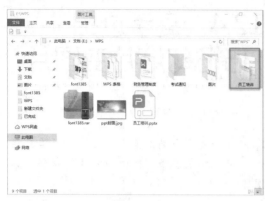

图12-81

图12-82

04 双击该文件夹将其打开，可以看到幻灯片转换成的图片，如图12-82所示。

第/13/章

幻灯片的动画效果与放映输出

第12章主要介绍WPS演示的基本操作，包括幻灯片的基本操作、幻灯片的编辑，以及幻灯片内文字、图片效果、形状效果和表格的处理技巧。本章介绍幻灯片的动画效果与放映输出，幻灯片的动画效果主要包括为幻灯片页面中的对象设置动画效果、页面切换动画的制作以及为幻灯片添加超链接等。幻灯片的放映输出主要是对演示文稿的放映进行适当的设置，对演示文稿的输出进行调整。

13.1 为对象添加动画效果

想在放映幻灯片时更加吸引观众注意，要为幻灯片的对象（图片、形状、表格和文本框）添加合适的动画效果，动画效果按照不同的类型可分为进入动画、退出动画、强调动画、路径动画和组合动画等。

13.1.1 进入和退出动画

进入动画是让对象从幻灯片页面外以特有的方式进入幻灯片，而退出动画是以特有的方式退出幻灯片。

进入动画和退出动画的具体操作步骤如下。

01 打开演示文稿"员工培训"，选中文本"新员工入职培训"，切换至"动画"选项卡，在功能区中单击"动画"组的其他按钮，如图13-1所示。

图13-1

02 在展开的动画效果列表中选择"进入"下的"百叶窗"，即为其进入添加"百叶窗"效果，如图13-2所示。

03 选中文本框"新员工入职培训"，单击"自定义动画"，如图13-3所示。

04 弹出"自定义动画"任务窗格，在其中可以对动画效果进行修改，如对"开始""方向""速度"进行更改，如图13-4所示。

图13-2

图13-3

图13-4

05 在展开的动画效果列表中选择"退出"下的"盒状",即为其退出添加"盒状"效果,如图13-5所示。

06 用户可以用同样的方法自定义退出动画的效果。

图13-5

07 单击选择功能区中"预览效果"按钮,即可预览当前幻灯片的动画效果,如图13-6所示。

图13-6

08 不需要动画效果时,直接在功能区中单击"删除动画"按钮,即可删除动画效果,如图13-7所示。

图13-7

⑨　用同样的方法可以为其他对象添加动画效果。

13.1.2　强调动画

强调动画可以突出对象，让对象重点显示，具体操作步骤如下。

① 选中表格，切换至"动画"选项卡，在功能区中单击"动画"组的其他按钮，如图13-8所示。

图13-8

② 在展开的动画效果列表中选择"强调"下的"放大/缩小"，即可为其添加"放大/缩小"强调动画效果，如图13-9所示。

图13-9

③ 选中其他文本框可以添加"更改填充颜色""更改线条颜色""更改字体""更改字号"等强调动画效果，如图13-10所示。

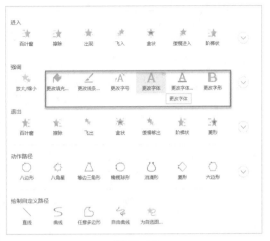

图13-10

13.1.3　路径动画

路径动画是指定对象按照设定好的路径进行运动的动画，具体操作步骤如下。

① 选中需要添加动画效果的对象，切换至"动画"选项卡，在功能区中单击"动画"组的其他按钮，如图13-11所示。

图13-11

② 在展开的动画效果列表的"动作路径"或"绘制自定义路径"下选择合适的路径动画效果，如图13-12所示。

③ 返回幻灯片，路径动画效果如图13-13所示。

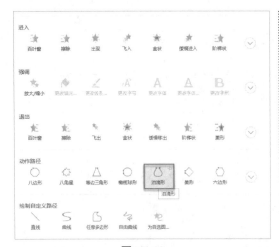

图13-12

图13-13

04 单击"自定义动画"按钮，在弹出的"自定义动画"任务窗格中可以更改"开始""路径""速度"，如图13-14所示。

图13-14

13.2 为幻灯片设置切换动画

播放演示文稿时，可以应用幻灯片的切换效果。

13.2.1 应用切换动画效果

幻灯片的切换动画效果的应用很简单，具体操作步骤如下。

01 打开演示文稿"员工培训"，选中一张幻灯片，切换至"切换"选项卡，在功能区中单击"切换"组的其他按钮，如图13-15所示。

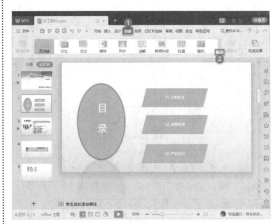

图13-15

02 在展开的切换效果列表中选择"轮辐"，如图13-16所示。

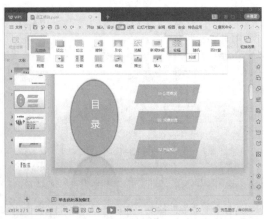

图13-16

03　单击"切换效果"按钮，在弹出的"幻灯片切换"任务窗格中可以更改"修改切换效果"和"换片方式"，用户可以根据自己的需求进行更改，如图13-17所示。

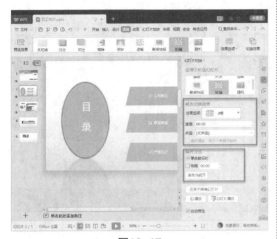

图13-17

13.2.2　编辑切换声音

为幻灯片应用切换效果后，可以添加合适的切换声音。

具体操作步骤如下。

01　单击功能区中的"切换效果"按钮，在弹出的任务窗格中的"修改切换效果"选项组，单击"声音"下拉按钮，选择"微风"选项，如图13-18所示。

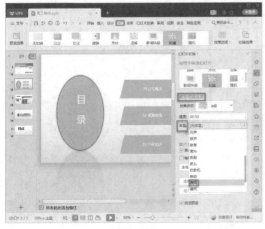

图13-18

02　如果下拉列表中的声音不能满足需求，还可以选择"其他声音..."选项，如图13-19所示。

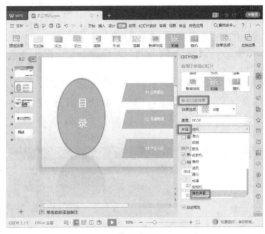

图13-19

03　弹出"添加声音"对话框，选择合适的音频，单击"打开"按钮即可添加声音，如图13-20所示。

图13-20

13.3　为幻灯片添加超链接

如果需要引用其他内容，可以为幻灯片的对象添加超链接。

13.3.1 超链接的添加

超链接可以将幻灯片中的内容与其他内容相链接。

一、链接到文本

01 打开演示文稿，选中需要添加超链接的对象，切换至"插入"选项卡，在功能区中单击"超链接"按钮，如图13-21所示。

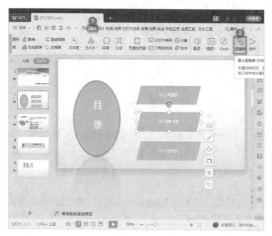

图13-21

02 弹出"插入超链接"对话框，选择"原有文件或网页"选项，在"要显示的文字"文本框中输入"规章制度"，选择合适的地址，单击"确定"按钮即可，如图13-22所示。

图13-22

03 返回演示文稿，效果如图13-23所示。

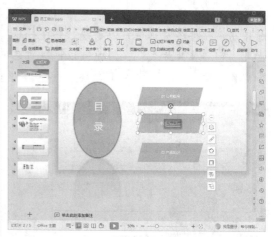

图13-23

二、链接到网页

以同样的方法可以链接到网页，在"地址"文本框中输入网址即可。

13.3.2 超链接的编辑

添加超链接后，用户可以为超链接设置屏幕提示。具体操作步骤如下。

01 在超链接对象上单击鼠标右键，在弹出的快捷菜单中选择"编辑超链接"命令，如图13-24所示。

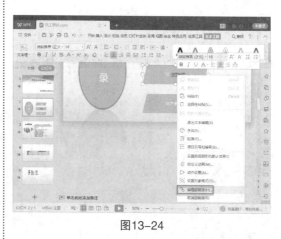

图13-24

02 弹出"编辑超链接"对话框，单击"屏幕提示"按钮，如图13-25所示。

图13-25

03 弹出"设置超链接屏幕提示"对话框，在"屏幕提示文字"文本框中输入提示文字，单击"确定"按钮，如图13-26所示。

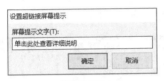

图13-26

04 返回"编辑超链接"对话框，单击"确定"按钮。放映幻灯片时，当光标移至超链接对象上时出现屏幕提示，如图13-27所示。

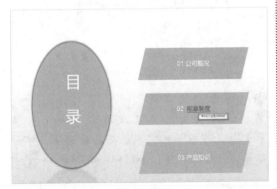

图13-27

13.3.3 超链接的清除

当不需要超链接时，用户可以将其清除，在超链接对象上单击鼠标右键，在弹出的快捷菜单中选择"取消超链接"命令即可，如图 13-28 所示。

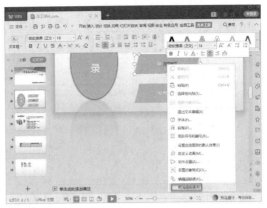

图13-28

13.3.4 动作的添加

播放幻灯片希望能从当前幻灯片跳转到其他幻灯片时，可以添加动作来实现，具体操作步骤如下。

01 打开演示文稿，选中需要添加动作的对象，切换至"插入"选项卡，在功能区中单击"动作"按钮，如图13-29所示。

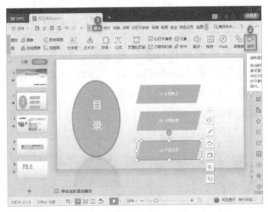

图13-29

02 弹出"动作设置"对话框，切换至"鼠标单击"选项卡，选中"超链接到"前的单选按钮，在"超链接到"下拉列表中选择"幻灯片..."选项，如图13-30所示。

03 弹出"超链接到幻灯片"对话框，选择"4.幻灯片4"，单击"确定"按钮，如图13-31所示。

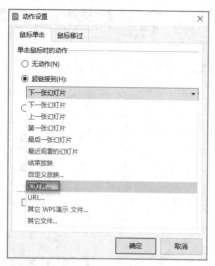

图13-30

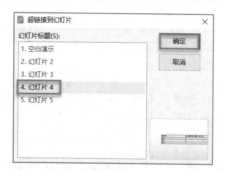

图13-31

04 返回"动作设置"对话框,选中"播放声音"前的复选按钮,在"播放声音"下拉列表中选择"风铃"选项,单击"确定"按钮,如图13-32所示。

图13-32

13.4 幻灯片的放映输出

制作完演示文稿后,用户可以根据需求对演示文稿的放映进行适当的设置。

13.4.1 设置放映类型

幻灯片放映之前,可以根据需要选择放映类型,包括演讲者放映(全屏幕)和在展台浏览(全屏幕)。具体操作步骤如下。

01 打开演示文稿,切换至"幻灯片放映"选项卡,在功能区中单击"设置放映方式"按钮,如图13-33所示。

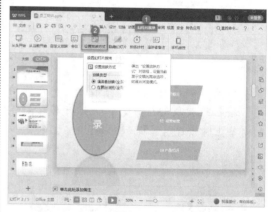

图13-33

02 弹出"设置放映方式"对话框,设置"放映类型"为"演讲者放映(全屏幕)",可以根据需求选择其他选项,单击"确定"按钮即可,如图13-34所示。

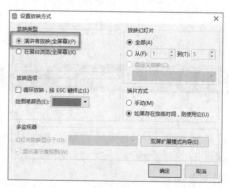

图13-34

13.4.2 创建自定义放映方式

如果用户想要播放制作的幻灯片，可以自定义幻灯片，具体操作步骤如下。

01 打开演示文稿，切换至"幻灯片放映"选项卡，在功能区单击"自定义放映"按钮，如图13-35所示。

图13-35

02 弹出"自定义放映"对话框，单击"新建"按钮，如图13-36所示。

图13-36

03 弹出"定义自定义放映"对话框，在"在演示文稿中的幻灯片"列表框中，选择要放映的幻灯片并单击"添加"按钮添加到"在自定义放映中的幻灯片"列表框中，如图13-37所示。

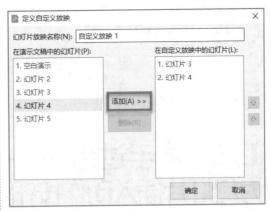

图13-37

13.4.3 打包演示文稿

演示文稿制作完成后，可以将演示文稿打包以便任何计算机都能查看，具体操作步骤如下。

01 打开演示文稿，单击"文件"菜单，在弹出的菜单中选择"文件打包"下的"将演示文档打包成文件夹"命令，如图13-38所示。

图13-38

02 弹出"演示文件打包"对话框，在"文件夹名称"文本框中输入"员工培训"，单击"浏览"按钮，输入合适的位置，单击"确定"按钮即可，如图13-39所示。

图13-39

13.5 高手过招——
为幻灯片插入动作按钮

动作按钮功能等同于动作，但是需要在幻灯片页面绘制一个形状，以便操作。具体操作步骤如下。

01 打开演示文稿，选中需要插入动作按钮的幻灯片，切换至"插入"选项卡，在功能区中单击"形状"按钮，如图13-40所示。

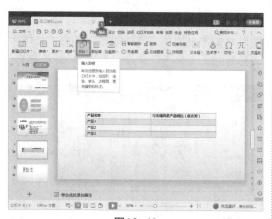

图13-40

02 在弹出的下拉菜单中选择"动作按钮"下的"动作按钮：信息"命令，如图13-41所示。

图13-41

03 当光标变为十字形状，按住鼠标左键不放并拖动，绘制信息按钮，如图13-42所示。

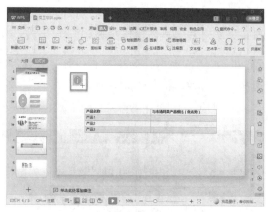

图13-42

04 随后会弹出"动作设置"对话框，设置"超链接到"和"播放声音"，单击"确定"按钮即可完成动作按钮设置，如图13-43所示。

图13-43

05 切换至"绘图工具"选项卡，在下面的功能区中对动作按钮进行美化，如图13-44所示。

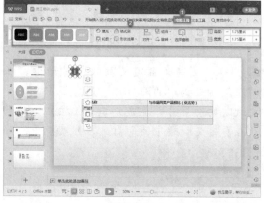

图13-44

第 14 章

WPS 演示案例详解

第13章介绍了幻灯片的动画效果与放映输出，包括幻灯片对象动画效果的设置、切换动画的制作以及为幻灯片添加超链接等。幻灯片的放映输出主要是对演示文稿的放映进行适当的设置，对演示文稿的输出进行调整。

本章以制作产品介绍为例，串联各知识点，完整地展示制作一个演示文稿的过程。

14.1 设计幻灯片母版

幻灯片母版中包含出现在每一张幻灯片上的显示元素，如文本占位符、图片、动作按钮，或者在相应版式中出现的元素。使用幻灯片母版可以方便地统一幻灯片的样式及风格。

14.1.1 幻灯片母版的适用情形

一个完整且专业的演示文稿，它的内容、背景、配色和文字格式等都有统一的设置。为了实现统一的设置就需要用到幻灯片母版。

一、幻灯片母版的特性

统一：配色、版式、标题、字体和页面布局等一致。

限制：这是实现统一的手段，限制个性发挥。

速配：排版时根据内容、类别一键选定对应的版式。

二、幻灯片母版的适用情形

鉴于幻灯片母版的以上特性，如果用户的幻灯片页面数量多，页面版式可以分为固定的若干类，是需要批量制作的课件，对生产速度有要求，那就可以给幻灯片定制一个母版。

14.1.2 幻灯片母版制作要领——结构和类型

进入幻灯片母版视图，可以看到幻灯片自带的一组默认母版，分别是以下几类。

Office 主题：在这一页中添加的内容会作为背景在下面所有版式中出现。

标题幻灯片：可用于幻灯片的封面、封底，与主题页不同时，需要选中隐藏背景图形。

标题和内容：标题框架与内容框架。

还有节标题、比较、空白、仅标题、仅图片等不同的幻灯片版式可以选择。

以上幻灯片版式都可以根据需要重新调整。保留需要的版式，将多余的版式删除。

14.1.3 设计幻灯片母版的总版式

在办公应用中使用的幻灯片一般要求简洁、规范，所以在实际应用中，幻灯片通篇的背景颜色通常会选用同一种颜色。针对这种情况，可以将幻灯片背景颜色的设置放在总版式中进行。

总版式格式指在各个版式幻灯片中都显示的格式。设置总版式的具体操作步骤如下。

01 新建演示文稿并命名为"产品介绍"，此时系统会自动为演示文稿添加一张幻灯片，如图14-1所示。

图14-1

02 切换至"视图"选项卡，单击功能区中的"幻灯片母版"按钮，如图14-2所示。

图14-2

03 此时，系统会自动切换到幻灯片母版视图，并切换至"幻灯片母版"选项卡，在左侧的幻灯片导航窗格中选择"Office主题母版：由幻灯片1使用"选项，如图14-3所示。

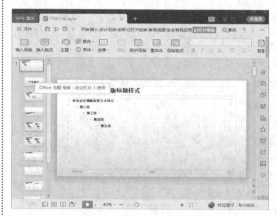

图14-3

04 单击功能区中的"背景"按钮，如图14-4所示。

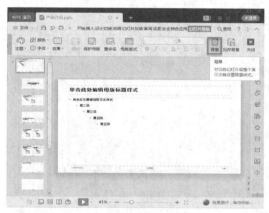

图14-4

05 弹出设置背景的任务窗格，在"填充"选项组中选中"纯色填充"前的单选按钮，然后单击"填充"下拉按钮，因为这里是白色，所以不需要更改颜色。如果想要更多的颜色，单击"颜色"下拉按钮，如图14-5所示。

06 在弹出的下拉列表中选择"更多颜色"选项即可，如图14-6所示。

07 单击任务窗格右上角的"关闭"按钮，返回幻灯片，效果如图14-7所示。

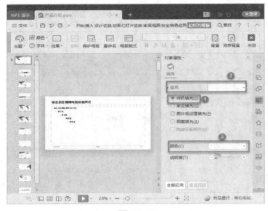

图14-5

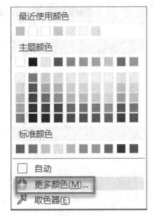

图14-6

图14-7

08　为了方便记忆幻灯片母版，可以将幻灯片母版的总版式重命名。在左侧导航窗格中的总版式上单击鼠标右键，在弹出的快捷菜单中选择"重命名母版"命令，如图14-8所示。

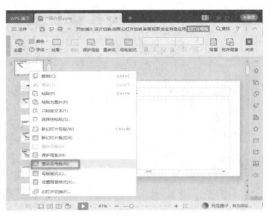

图14-8

09　弹出"重命名"对话框，在"名称"文本框中输入新的版式名称"产品介绍"，然后单击"重命名"按钮，如图14-9所示。

图14-9

10　返回幻灯片母版，将鼠标指针移动到总版式上，即可看到总版式的名称已经更改为"产品介绍母版：由幻灯片1使用"，如图14-10所示。

图14-10

11　设置完成后，切换至"幻灯片母版"选项卡，单击"关闭"按钮，关闭母版视图，返回普通视图，即可看到演示文稿中的幻灯片已经应用设计的背景，如图14-11所示。

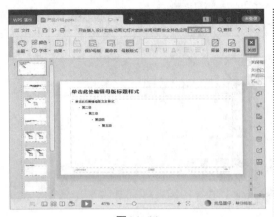

图14-11

图14-13

14.1.4 设计封面页版式

为了设计方便，封面页的基本设计也可以在母版中进行。具体操作步骤如下。

01 打开演示文稿，切换至"视图"选项卡，单击功能区中的"幻灯片母版"按钮，如图14-12所示。

图14-12

02 在左侧的幻灯片导航窗格中选择"标题幻灯片 版式：由幻灯片1使用"选项，如图14-13所示。

03 按住"Shift"键的同时，选中幻灯片中的两个占位符，然后按"Delete"键，即可将占位符删除，如图14-14所示。

删除后的效果如图 14-15 所示。

图14-14

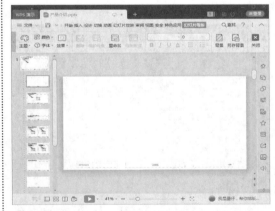

图14-15

04 切换至"插入"选项卡，单击功能区中的"形状"按钮，如图14-16所示。

05 在弹出的下拉菜单中选择"基本形状"下的"直角三角形"命令，如图14-17所示。

06 将鼠标指针移动至幻灯片中，此时鼠标指针会成"+"形状，按住鼠标左键不放并拖动鼠标指针，即可绘制一个直角三角形，如图14-18所示。

图14-16

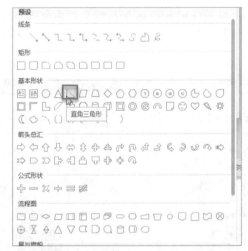

图14-17

图14-18

07　选中绘制的直角三角形，切换至"绘图工具"选项卡，单击功能区中"填充"扩展按钮，在弹出的下拉菜单中选择"其他填充颜色"命令，如图14-19所示。

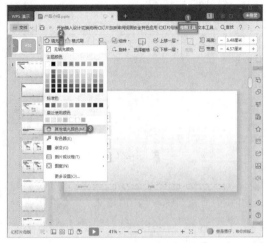

图14-19

08　弹出"颜色"对话框，切换至"自定义"选项卡，在"颜色模式"下拉列表中选择"RGB"选项，然后在"红色""绿色""蓝色"微调框中分别输入合适的数值，如输入"31""72""124"，然后单击"确定"按钮，如图14-20所示。

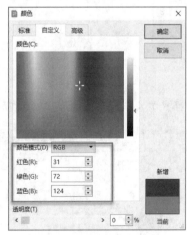

图14-20

09　返回WPS演示，单击功能区中"轮廓"扩展按钮，在弹出的下拉菜单中选择"无线条颜色"命令，如图14-21所示。

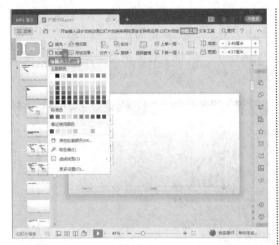

图14-21

⑩ 在"高度"和"宽度"微调框内分别输入"9.00厘米"和"9.00厘米",并单击功能区中"旋转"按钮,选择"垂直翻转"命令,如图14-22所示。

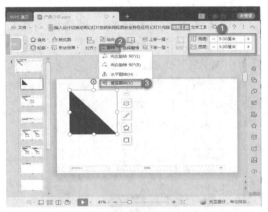

图14-22

⑪ 返回演示文稿,效果如图14-23所示。

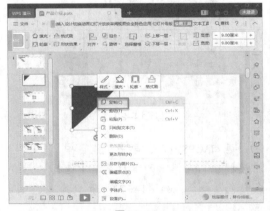

图14-23

⑫ 在直角三角形上单击鼠标右键,在弹出的快捷菜单中选择"复制"命令,然后粘贴3次,如图14-24所示。

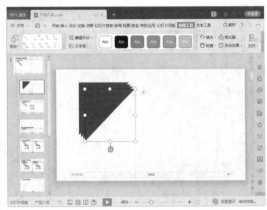

图14-24

⑬ 以同样的方法设置另外三个直角三角形的颜色、大小,并调整位置,效果如图14-25所示。

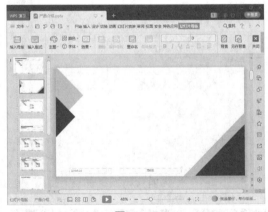

图14-25

⑭ 调整直角三角形的方向时可以单击"旋转"按钮进行调整,然后切换至"绘图工具"选项卡,在功能区中单击"对齐"按钮,在弹出的下拉菜单中选择"相对于幻灯片"命令,如图14-26所示。

⑮ 设置完成后,切换至"幻灯片母版"选项卡,单击功能区中的"关闭"按钮,关闭母版视图即可,如图14-27所示。

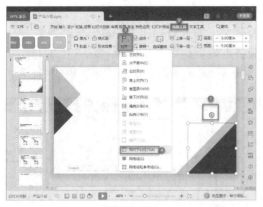

图14-26

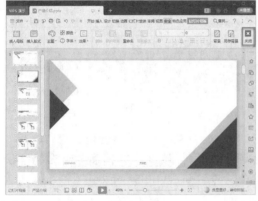

图14-27

14.1.5 设计标题页版式

设计完封面页版式后,接下来设置标题页的版式,具体的操作步骤如下。

01 打开演示文稿,切换至"视图"选项卡,单击功能区中的"幻灯片母版"按钮,如图14-28所示。

图14-28

02 在左侧的幻灯片导航窗格中选择"仅标题 版式:无幻灯片使用"选项,如图14-29所示。

图14-29

03 选中仅标题幻灯片中的标题占位符,切换至"文本工具"选项卡,单击功能区中"字体"组的对话框启动器按钮,如图14-30所示。

图14-30

04 弹出"字体"对话框,切换至"字体"选项卡,在"中文字体"下拉列表中选择"微软雅黑"选项,在"字号"列表框中选择"24"选项,然后单击"字体颜色"下拉按钮,在弹出的下拉列表中选择"黑色,文本1,浅色25%"选项。设置完毕后,单击"确定"按钮,如图14-31所示。

05 返回幻灯片,调整占位符的大小,效果如图14-32所示。

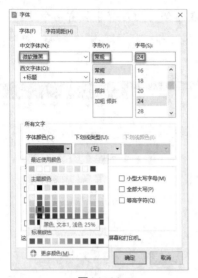

图14-31

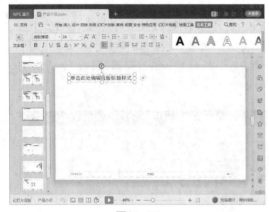

图14-32

06 切换至"插入"选项卡，在功能区中单击"形状"按钮，在弹出的下拉菜单中选择"矩形"下的"矩形"命令，并绘制矩形，如图14-33所示。

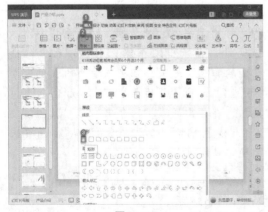

图14-33

07 选中绘制的矩形，切换至"绘图工具"选项卡，单击功能区中"填充"扩展按钮，在弹出的下拉菜单中选择"最近使用颜色"下的"自定义颜色"命令，如图14-34所示。

图14-34

08 返回WPS演示，单击功能区中"轮廓"扩展按钮，在弹出的下拉菜单中选择"橙色"命令，如图14-35所示。

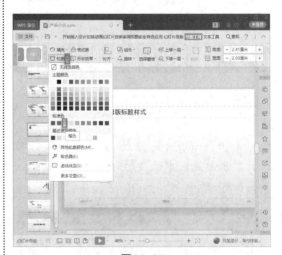

图14-35

09 在"高度"和"宽度"微调框内分别输入"2.50厘米"和"0.60厘米"，如图14-36所示。

10 以同样的方法，再绘制3个矩形，并调整填充颜色、轮廓颜色、大小和位置，最终效果如图14-37所示。

图14-36

图14-37

⑪　设置完成后，切换至"幻灯片母版"选项卡，单击功能区中的"关闭"按钮，关闭母版视图即可，如图14-38所示。

图14-38

14.1.6　设计封底页版式

具体操作步骤如下。

①　打开演示文稿，切换至"视图"选项卡，单击功能区中的"幻灯片母版"按钮，如图14-39所示。

图14-39

②　切换至"幻灯片母版"选项卡，在幻灯片导航窗格中选择"空白 版式：无幻灯片使用"选项，如图14-40所示。

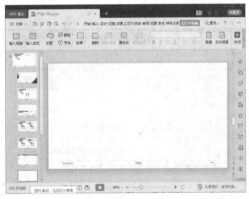

图14-40

③　在空白幻灯片中绘制两个矩形，并设置其形状格式，然后调整位置，效果如图14-41所示。

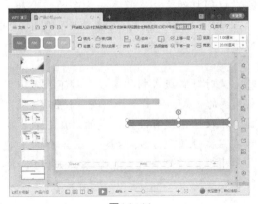

图14-41

04 绘制两个等腰三角形，并设置其形状格式，然后调整位置，效果如图14-42所示。

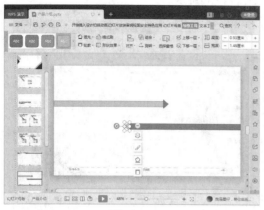

图14-42

05 选中同一方向上的矩形和等腰三角形，切换至"绘图工具"选项卡，单击功能区中的"组合"按钮，在弹出的下拉菜单中选择"组合"命令，如图14-43所示。

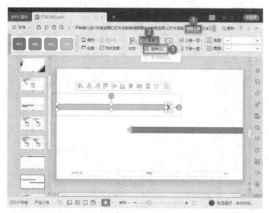

图14-43

06 以同样的方法，将另一方向的矩形和等腰三角形组合在一起，最终效果如图14-44所示。

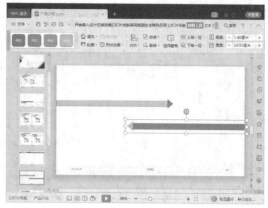

图14-44

图14-45

07 此时母版版式制作完成，接下来可以保留需要的版式，将多余的删除。按住"Ctrl"键，依次选中没有设置样式的母版版式，然后在版式上单击鼠标右键，在弹出的快捷菜单中选择"删除版式"命令，如图14-45所示。

08 将多余母版删除，幻灯片导航窗格中只保留设置好的3个母版版式。切换至"幻灯片母版"选项卡，单击功能区中的"关闭"按钮，关闭母版视图即可，如图14-46所示。

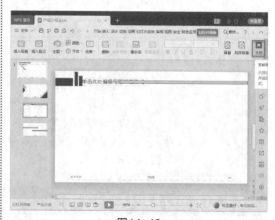

图14-46

14.2 编辑幻灯片

幻灯片母版设计完成以后，接下来用户就可以在具体的幻灯片中输入文本，并且还可以通过表格、图形、图片等来美化幻灯片。

14.2.1 编辑封面页

封面页中往往要显示公司 Logo、公司名称、演示文稿的主题以及其他美化图片、图形。演示文稿的标题有主标题和副标题，用户可以根据实际需要确定是否同时需要两个标题。具体操作步骤如下。

01 打开演示文稿，将光标定位在标题占位符中，文本框处于可编辑状态，在文本框中输入文本"PRODUCT"和"产品介绍"，如图14-47所示。

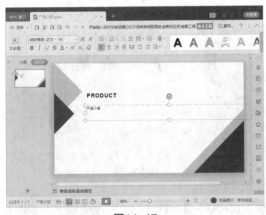

图14-47

02 选中文本"PRODUCT"，切换至"开始"选项卡，单击功能区中"字体"组的对话框启动器按钮，如图14-48所示。

03 弹出"字体"对话框，切换至"字体"选项卡，在"西文字体"下拉列表中选择"Microsoft Yi Baiti"选项，在"字形"列表框中选择"加粗"选项，在"字号"列表框中选择"66"选项，然后单击"字体颜色"下拉按钮，在弹出的下拉列表中选择"黑色，文本1，浅色5%"选项，如图14-49所示。

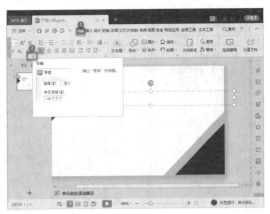

图14-48

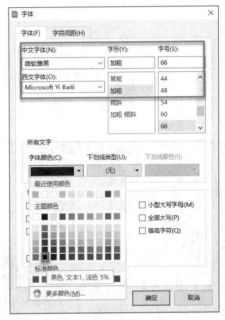

图14-49

04 切换至"字符间距"选项卡，在"间距"下拉列表中选择"加宽"选项，然后在"度量值"微调框中输入"15.0"，单击"确定"按钮，如图14-50所示。

05 返回幻灯片，单击功能区中的"居中对齐"按钮，使标题文本居中显示，效果如图14-51所示。

06 以同样的方法，设置"产品介绍"字体，最终效果如图14-52所示。

07 切换至"插入"选项卡，在功能区中单击"文本框"扩展按钮，在弹出的下拉菜单中选择"横向文本框"命令，如图14-53所示。

图14-50

图14-53

08 插入两个文本框，输入文本内容 "××××有限公司" 和 "部门：产品部 主讲人：××××"，并设置字体，调整位置，最终效果如图14-54所示。

图14-54

14.2.2 编辑目录页

目录页是观众从整体上了解演示文稿十分方便、快速的部分。目录页的表现形式既要新颖，同时又要能体现整个演示文稿的内容。具体操作步骤如下。

01 打开演示文稿，单击封面页幻灯片上的 "+"，在弹出的页面上选择 "母版版式" 选项，然后选择标题页版式的幻灯片，如图14-55所示。

即可在演示文稿中插入一张仅标题版式的幻灯片，如图14-56所示。

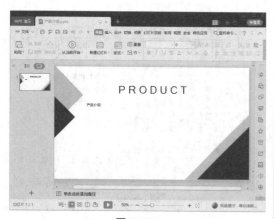

图14-51

图14-52

图14-55

图14-56

02　在"单击此处添加标题"占位符中输入一个一级标题"CONTENT"，在功能区中设置"字体"和"字号"分别为"Arial（标题）"和"28"并加粗，如图14-57所示。

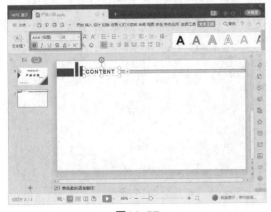

图14-57

03　绘制3个矩形，调整形状与位置，如图14-58所示。

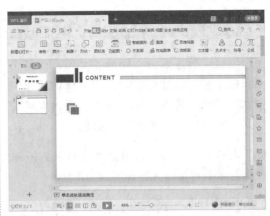

图14-58

04　插入1个竖向文本框、3个横向文本框，分别输入"目录""01、产品的主题介绍""02、产品的设计过程""03、产品的优势特点"，并设置字体，效果如图14-59所示。

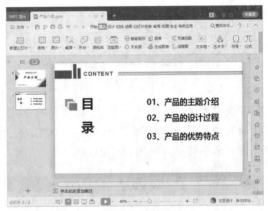

图14-59

05　复制3个矩形，分别放置于3个横向文本框之前，最终效果如图14-60所示。

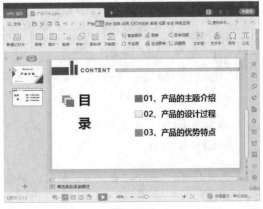

图14-60

14.2.3 编辑标题页

标题页也是演示文稿的正文页，即每个小标题下面的具体内容。这里同样使用绘制形状、组合、排列、插入图片、插入表格等方法，使幻灯片以各种形式表现出来。

01 打开演示文稿，在目录页下方插入一张仅标题版式的幻灯片，如图14-61所示。

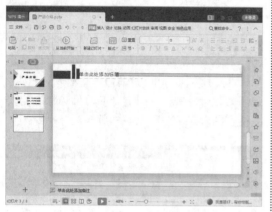

图14-61

02 编辑标题页。绘制一条与幻灯片同等宽度的线段，然后设置填充颜色和线条宽度，并设置水平居中，如图14-62所示。

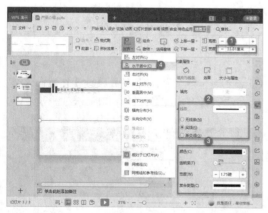

图14-62

03 插入太阳形，并调整颜色、大小和位置，如图14-63所示。

04 复制太阳形，粘贴2次，调整位置，如图14-64所示。

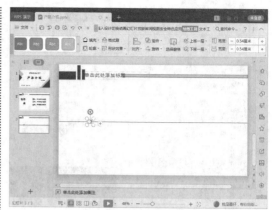

图14-63

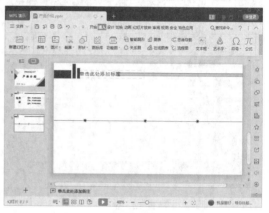

图14-64

05 插入文本框，并编辑文本的具体内容，最终效果如图14-65所示。

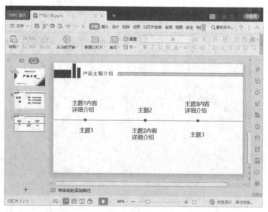

图14-65

06 按照相同的方法编辑演示文稿中其他正文页。

14.2.4　编辑封底页

封底页主要是表达谢谢观看，辅助形状已经在制作母版时制作完毕，此时只需要添加文本内容即可。

01 打开演示文稿，单击幻灯片下方的"+"，即可在演示文稿中插入一张幻灯片，选择"母版版式"选项，如图14-66所示。

图14-66

即可在演示文稿中插入一张空白版式的幻灯片，如图14-67所示。

02 输入文本"谢谢观看 Thanks!"，并调整

位置、设置格式，最终效果如图14-68所示。

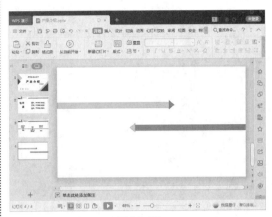

图14-67

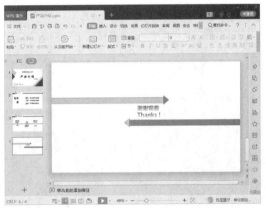

图14-68